作者作品

作者作品

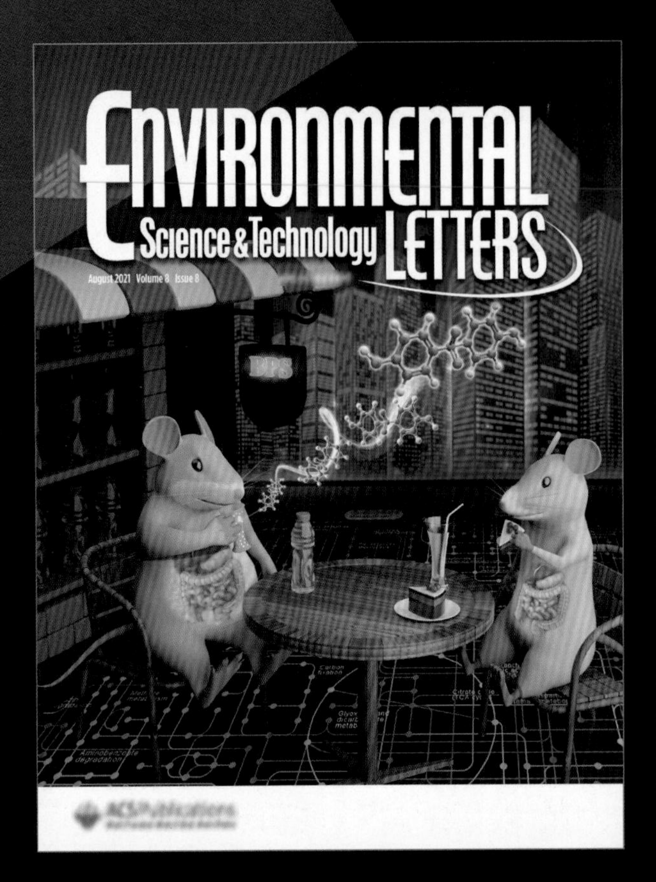

手绘草稿

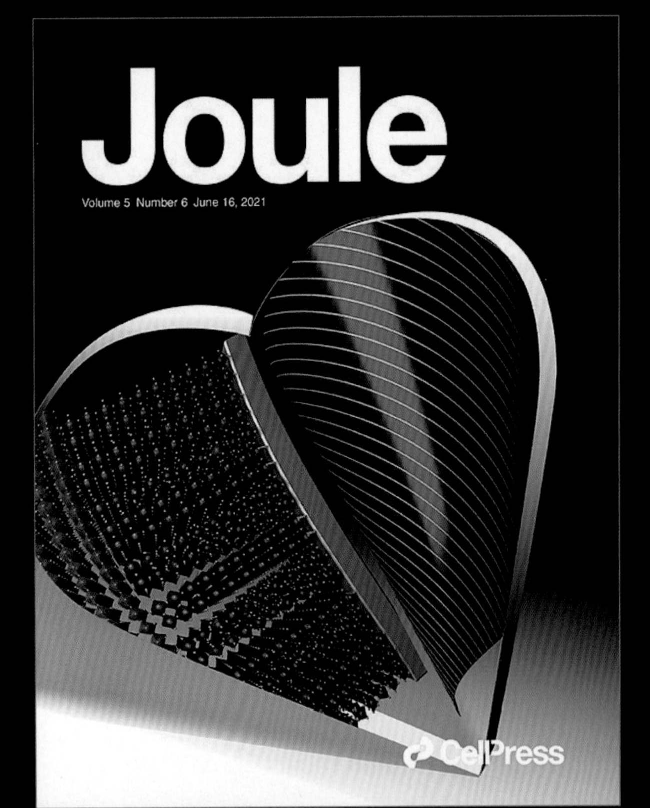

手绘草稿

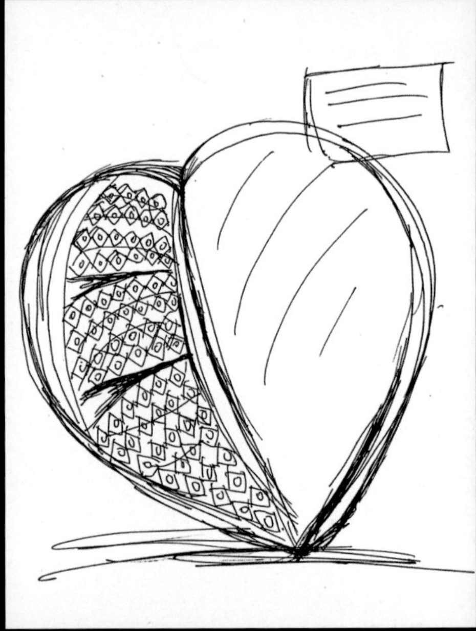

ADVANCED
FUNCTIONAL
MATERIALS

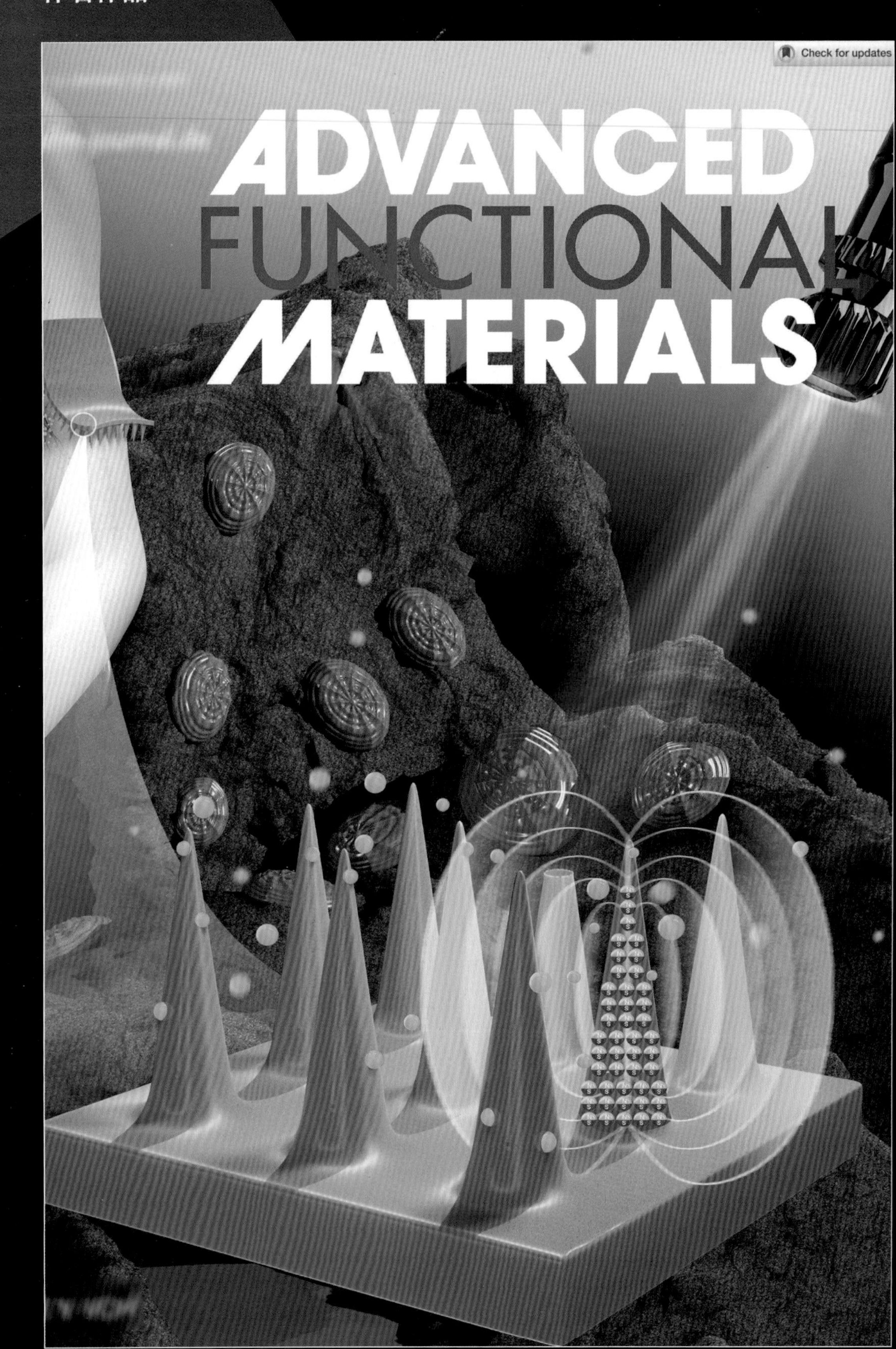
Check for updates
ADVANCED
FUNCTIONAL
MATERIALS

作者作品

手绘草稿

Check for updates
ADVANCED
FUNCTIONAL
MATERIALS

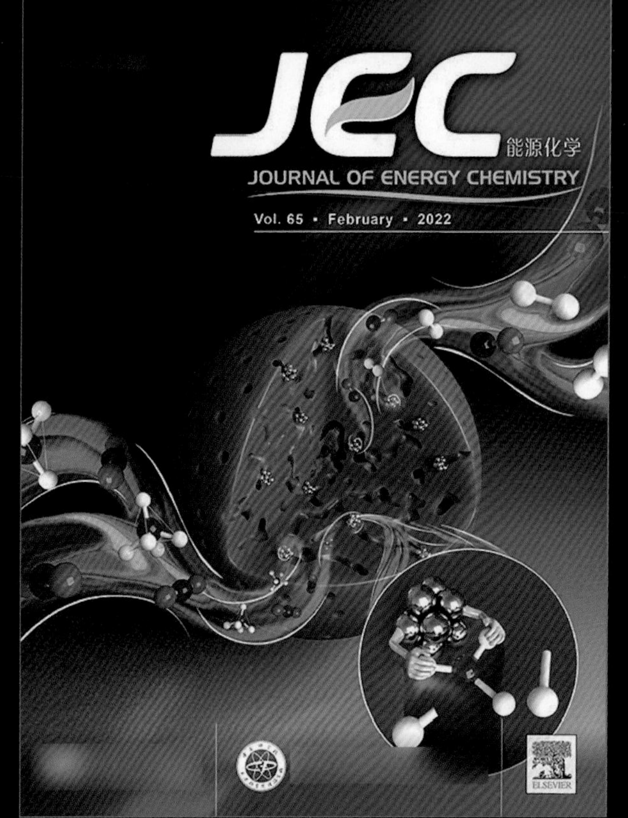
JEC
能源化学
JOURNAL OF ENERGY CHEMISTRY
Vol. 65 • February • 2022
ELSEVIER

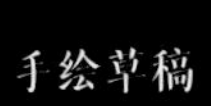
手绘草稿

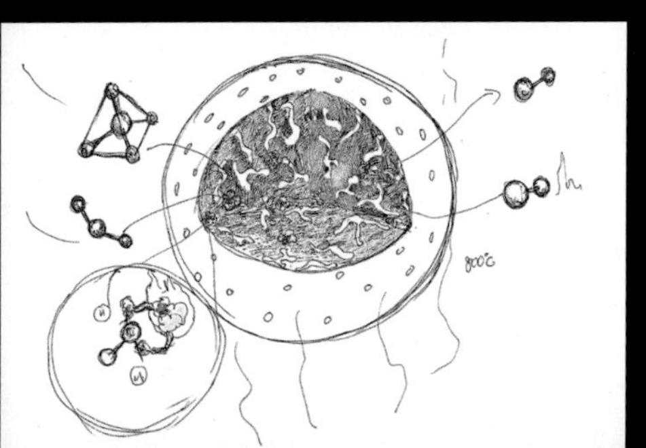

作者作品

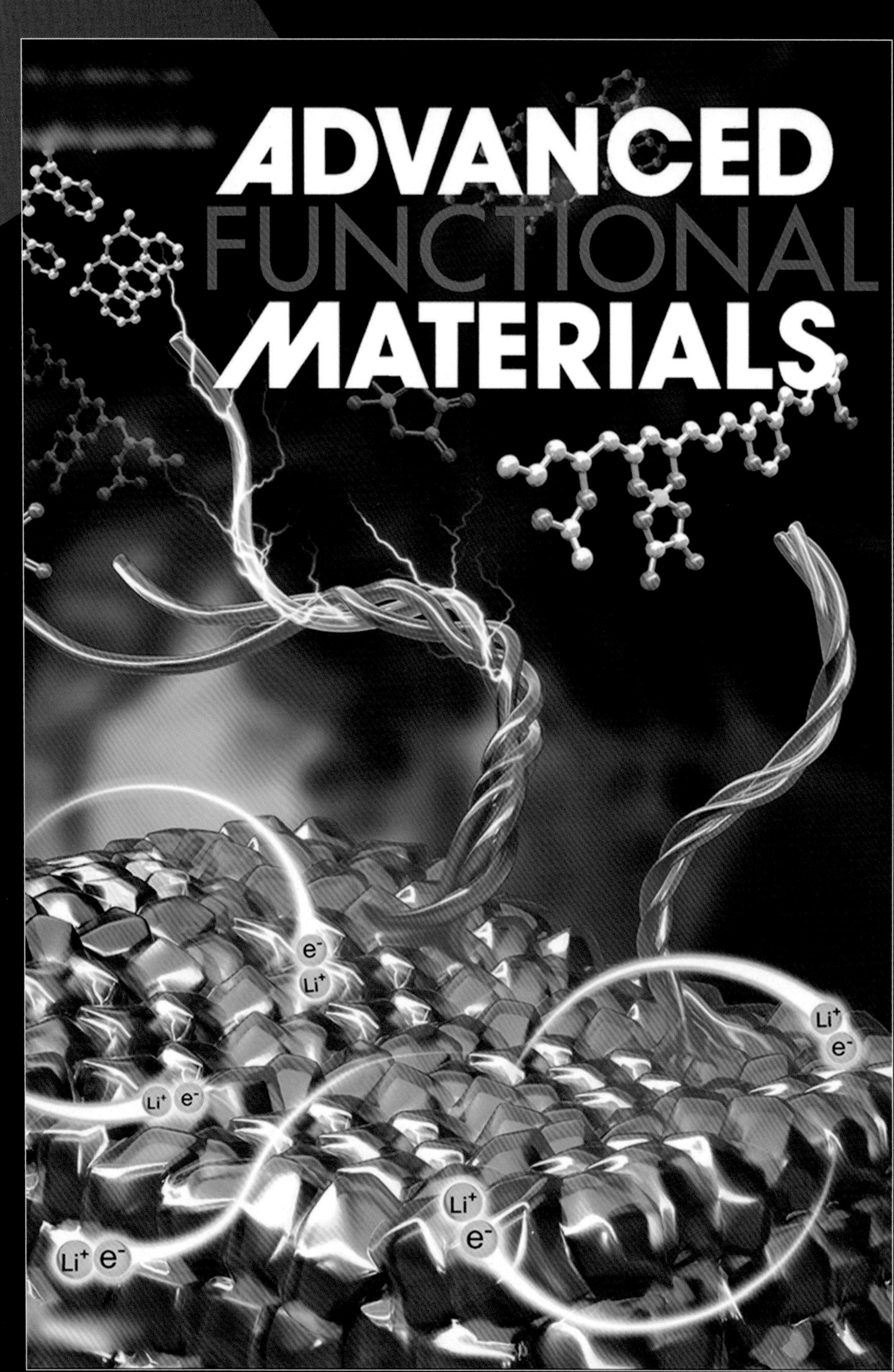

ADVANCED
FUNCTIONAL
MATERIALS

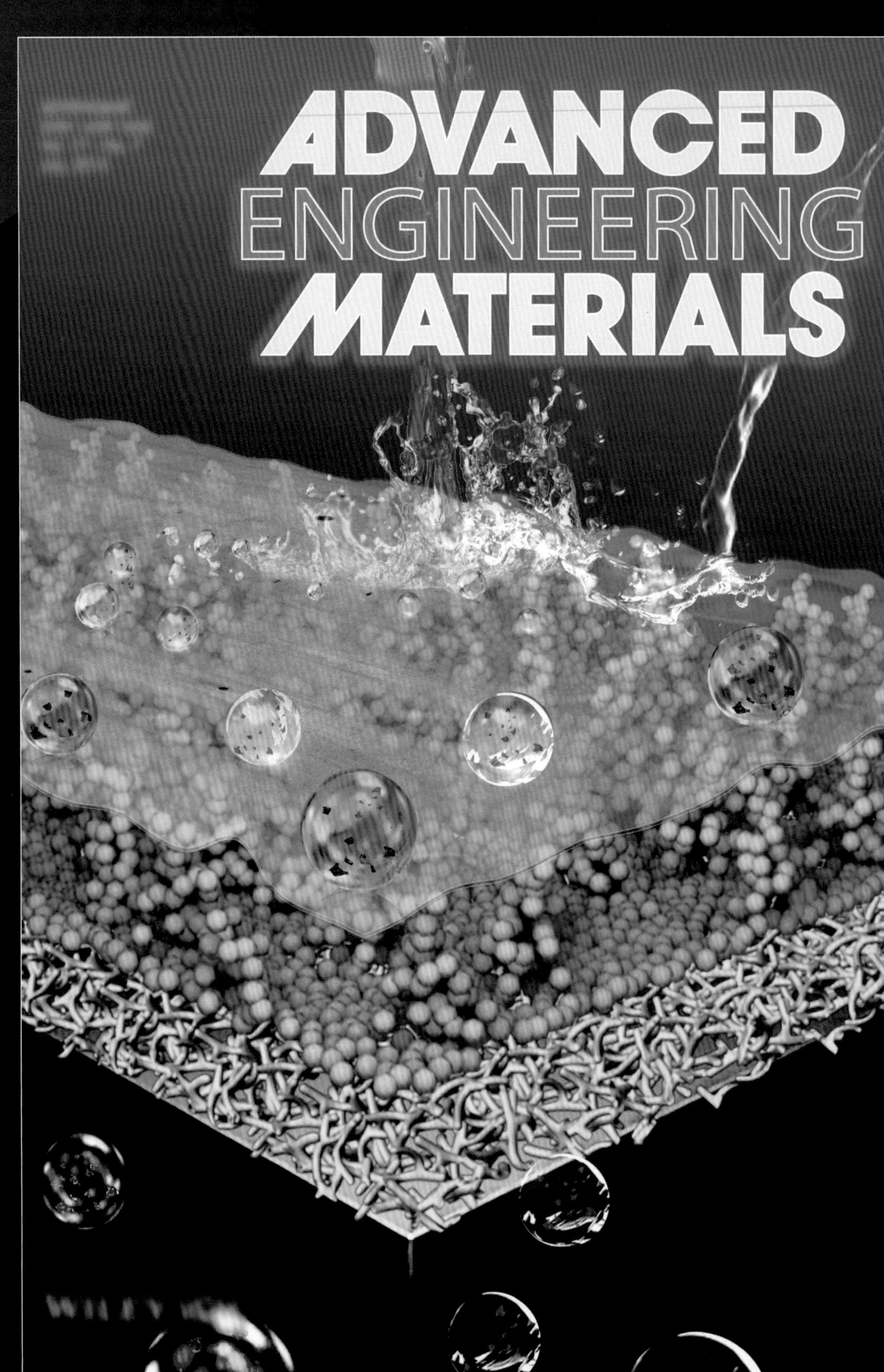
ADVANCED
ENGINEERING
MATERIALS

作者作品

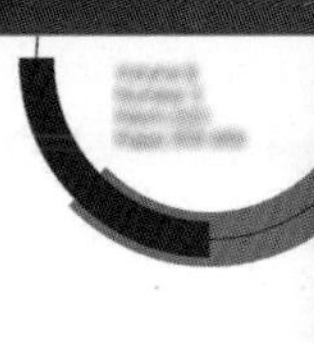

Environmental
Science
Nano

手绘草稿

手绘草稿

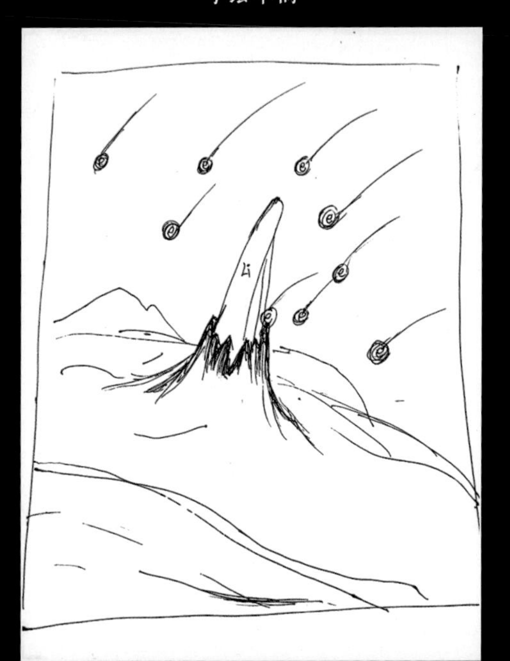

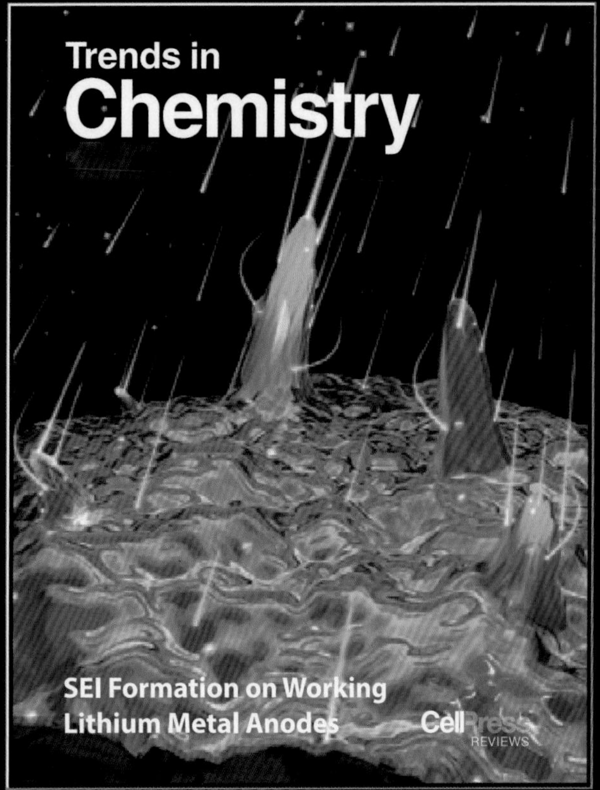
Trends in
Chemistry
SEI Formation on Working
Lithium Metal Anodes
CellPress
REVIEWS

作者作品

手绘草稿

手绘草稿

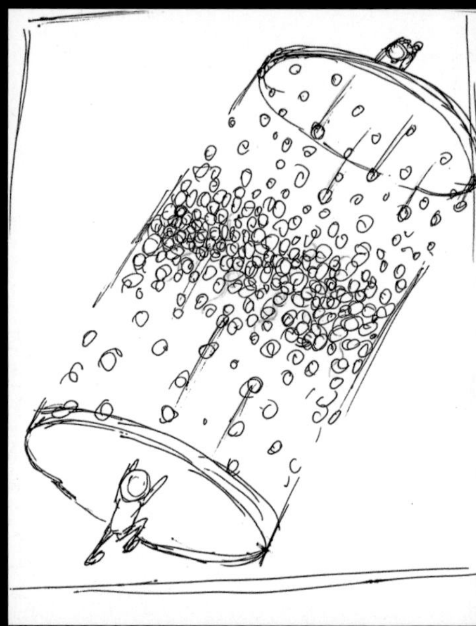

ADVANCED
ENERGY
MATERIALS
h+
e-

Open Access
InfoMat
Vol.2·NO.6·2020
University of Electronic Science & Technology of China
UESTC
1956

作者作品

手绘草稿

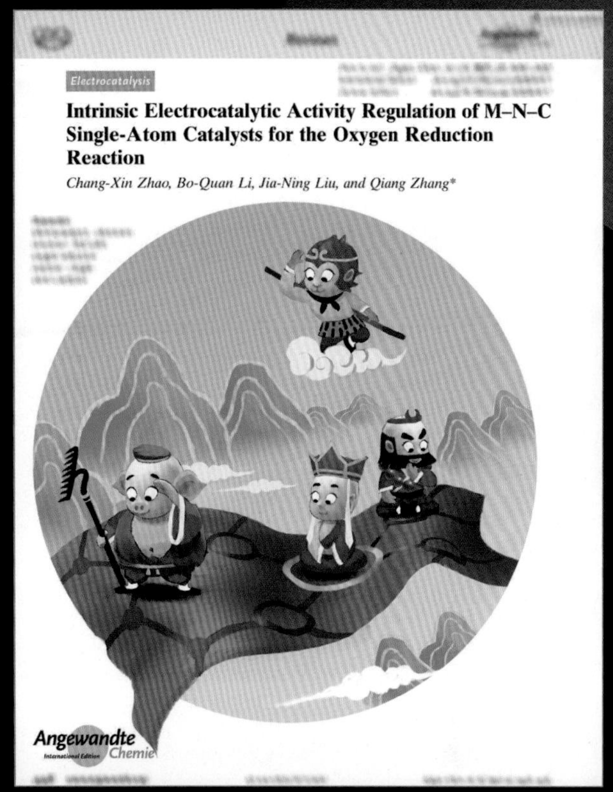

手绘草稿

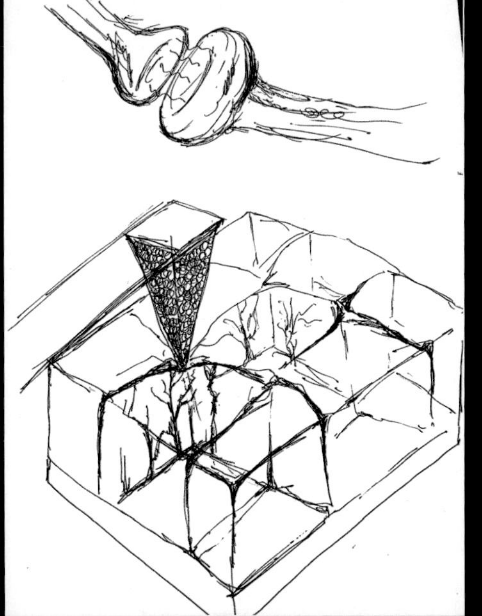

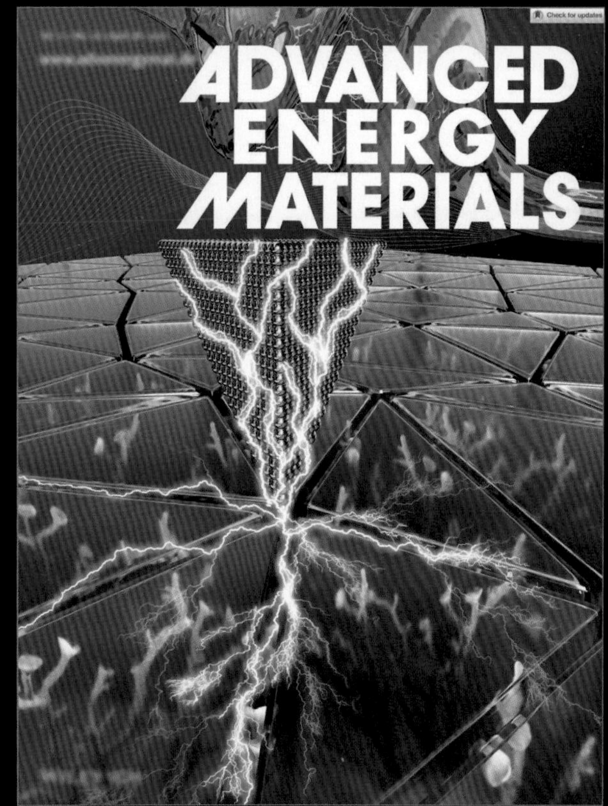

作者作品

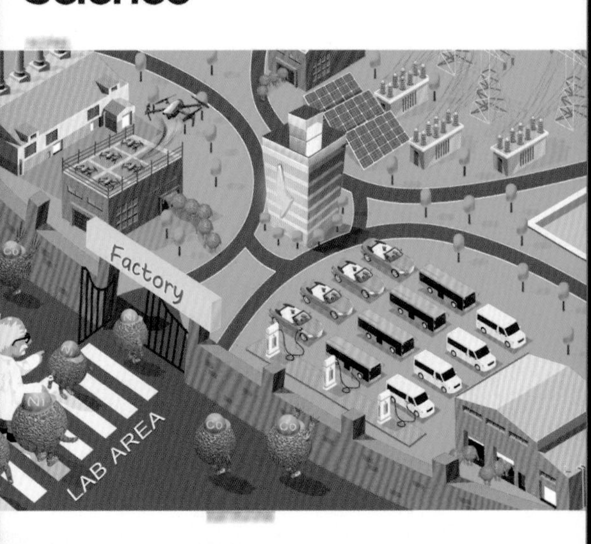
Energy &
Environmental
Science
Factory
LAB AREA
Ni
Co

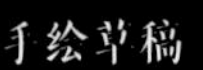
手绘草稿

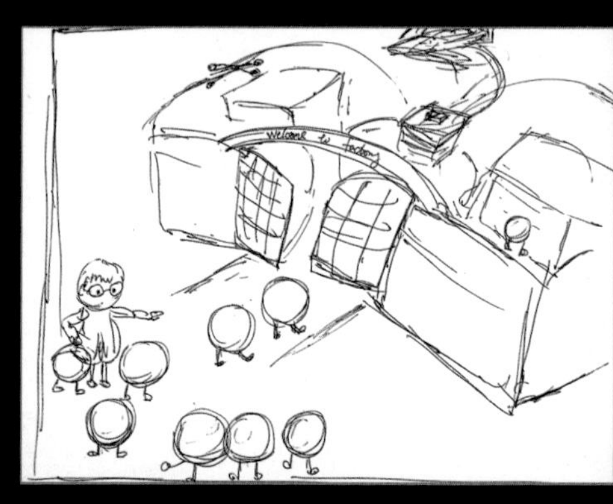

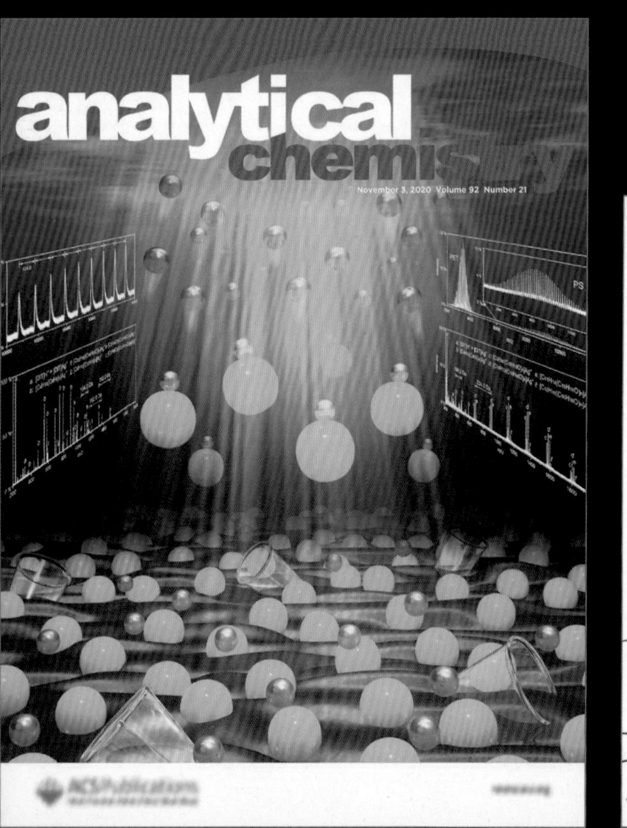
analytical
chemis
November 3, 2020 Volume 92 Number 21
PS

手绘草稿

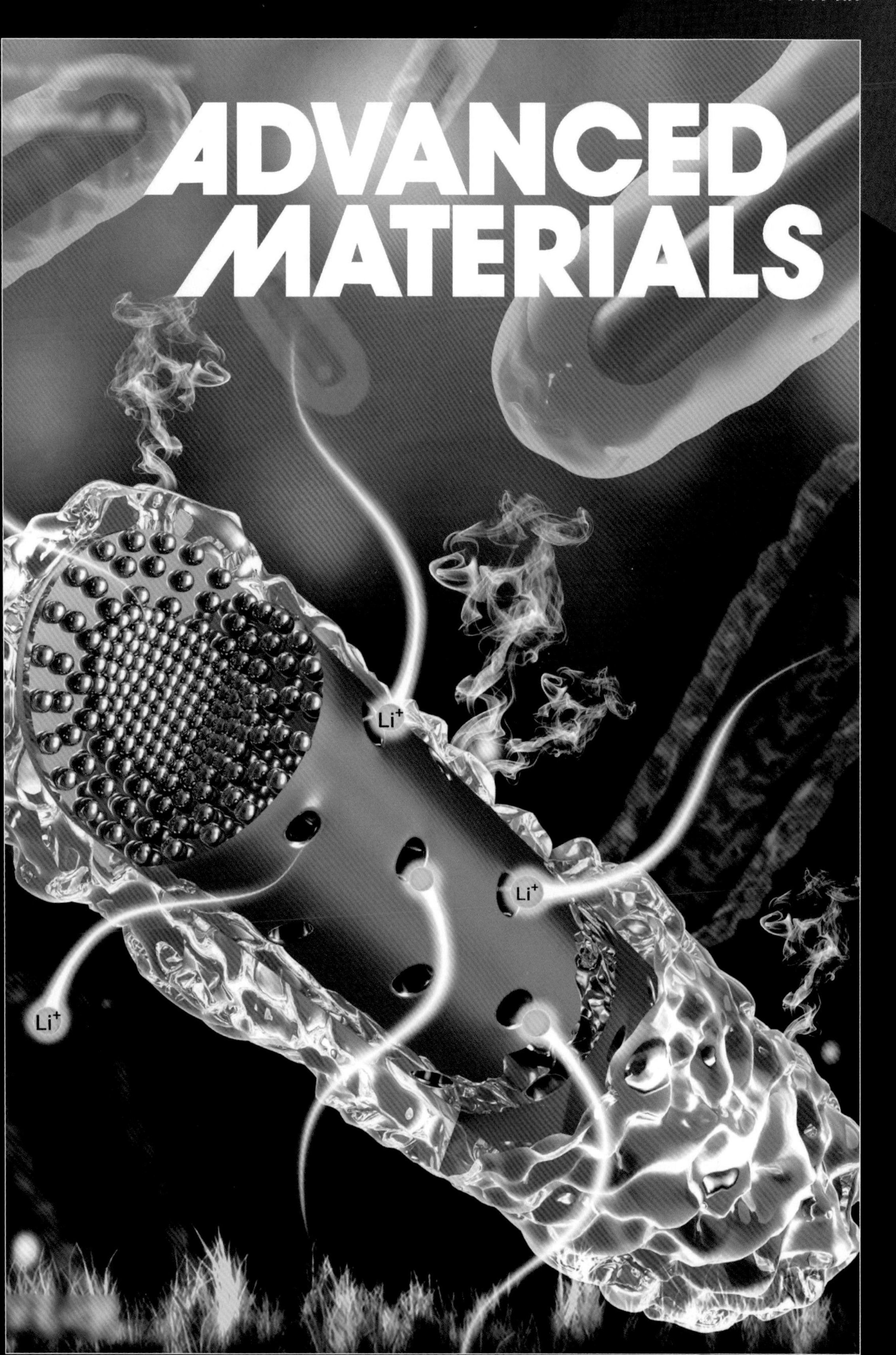
ADVANCED MATERIALS
Li+
Li+
Li+

作者作品

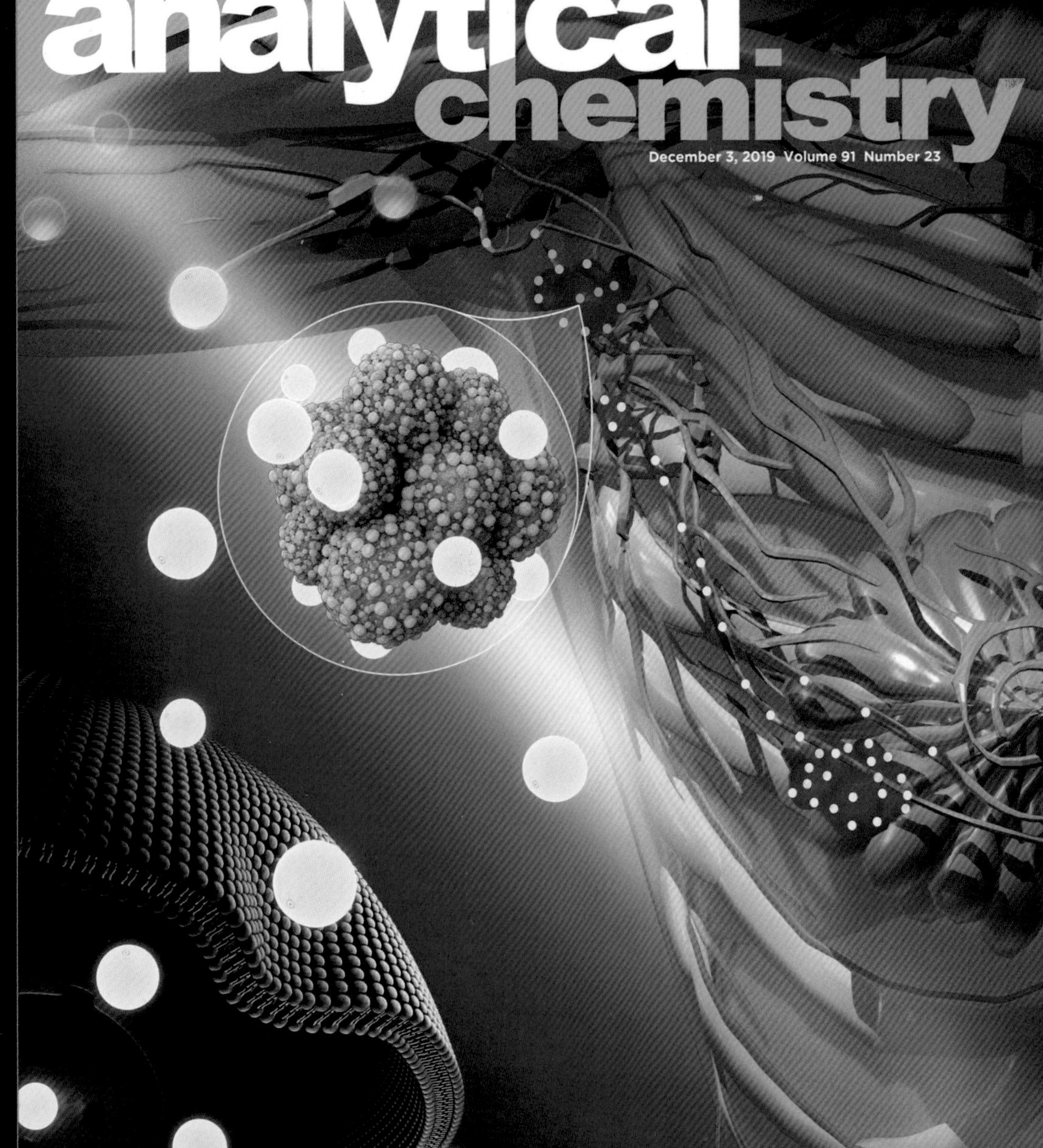

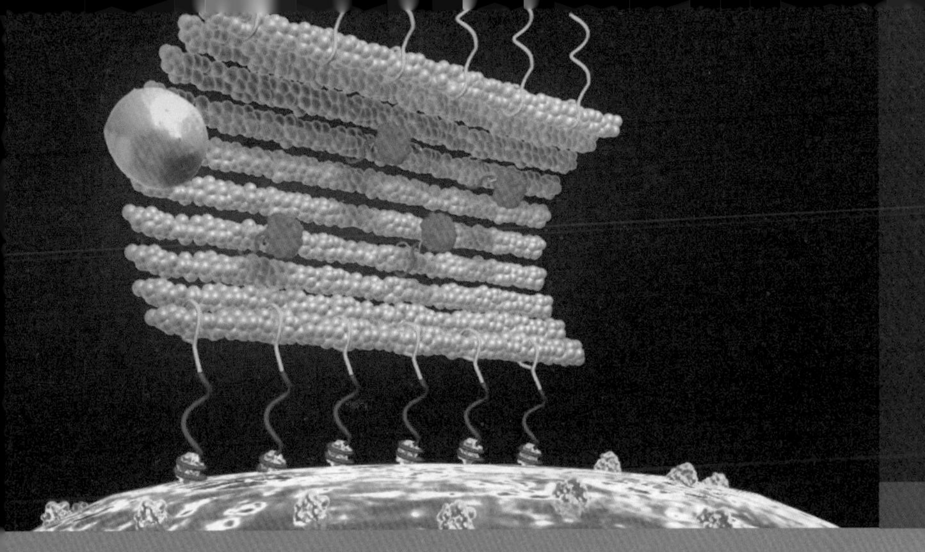

宋元元 祝宏琳 / 编著

科技绘图 / 科研论文图 / 论文配图

设计与创作自学手册

科研动画篇

清华大学出版社

北京

内 容 简 介

本书围绕科研动画这一科研领域新型多媒体形态，讲述从理论分析到技术路线梳理，以及与科研动画相关的软件使用方法。本书针对需要制作科研项目所需动画的科技工作者、喜爱科研动画设计创作的入门级学生、有一定设计基础的科技图像领域从业者，以作者从业多年的经验，将软件按照科技领域动画的特征和使用的角度带领读者学习科技动画的制作方法。本书将软件功能介绍与动画设计理论融为一体，便于读者一边理解科研动画创作思路，一边掌握软件功能。

全书共分4篇：原理篇（第1章和第2章），准确定位科研动画的特殊性，以及与其他动画的异同，为读者梳理科研动画创作的目标和科研动画的理论基础，讲解科研动画的设计创作思路；动画生成篇（第3章和第4章），按照科研动画制作流程，详细介绍三维动画制作软件Maya的几种动画制作方式，以及如何使用动画合成软件《会声会影》来处理科研素材动画，本篇侧重于以案例带动理解，让读者理解软件功能适于解决哪种类型的问题；动画格式篇（第5章），结合格式转换软件《格式工厂》的使用方法，分析讲解科技动画视频文件处理会遇到的几种格式问题，以及常见的动画格式类型；特殊动画篇（第6章和第7章），介绍非主流动画的生成和制作方式，以提高常见科研动画的灵活性。

本书适合作为高等院校平面设计、视觉设计专业学生的课外读物，也适合作为理工科各专业硕士、博士研究生的自学教材，还适合作为需要提升、完善自己科研技能的科技工作者和研究人员的工具书。

图书在版编目（CIP）数据

科技绘图/科研论文图/论文配图设计与创作自学手册. 科研动画篇 / 宋元元, 祝宏琳编著. -- 北京：清华大学出版社, 2022.1

ISBN 978-7-302-59374-4

Ⅰ. ①科… Ⅱ. ①宋… ②祝… Ⅲ. ①三维动画软件－手册 Ⅳ. ①TP391.41-62

中国版本图书馆CIP数据核字(2021)第215213号

责任编辑：陈绿春
封面设计：潘国文
责任校对：胡伟民
责任印制：宋　林

出版发行：清华大学出版社
网　　址：http://www.tup.com.cn，http://www.wqbook.com
地　　址：北京清华大学学研大厦A座　　**邮　　编：**100084
社 总 机：010-62770175　　**邮　　购：**010-83470236
投稿与读者服务：010-62776969，c-service@tup.tsinghua.edu.cn
质量反馈：010-62772015，zhiliang@tup.tsinghua.edu.cn
印 装 者：北京嘉实印刷有限公司
经　　销：全国新华书店
开　　本：188mm×260mm　　**印　　张：**8　　**插　　页：**8　　**字　　数：**230千字
版　　次：2022年1月第1版　　**印　　次：**2022年1月第1次印刷
定　　价：79.00元

产品编号：091927-01

序　1

对于科研工作者而言，在做出优秀科研成果的同时，将抽象严肃的深奥知识通过直观、形象的方式来表现，找到有章可循的表达方式来为自己的研究成果锦上添花，十分重要，而科研图像，就是这样一种表达方式。

随着计算机技术的飞速发展，越来越多的软件让科研图像的设计和制作变得更加便利。本书给大家介绍了几种常用软件在科研图像绘制中的使用技巧及案例。

本书作者系统总结了自己十几年的科研绘图经验与心得，力求为更多的科技人员在科研绘图方面提供参照，实现作者一直坚持的信条：“用唯美的艺术诠释科研”。

本书不完全是理论书，也不完全是工具书，而是将二者结合起来，介绍如何通过科技绘图讲好自己的科研故事，让更多的读者有兴趣了解自己的论文和科研成果。

本书文字精炼、修辞优美，书中配图饱含了对科学技术形象、理性的解读。这些图片为抽象、晦涩的科学原理赋予了秩序与律动，让读者看到科学技术的艺术之美。

意识形态上，科研工作者中不乏兴趣广泛之人，也有很多艺术细胞荡漾者，而且艺术本身也有其科学性的一面，这是让科研人员将科技论文形象表达甚至做出美感的原始动力。

理论方法上，作者通过对美学研究的理论探索和对设计的丰富理解，列举了大量实际案例，结合科研人员的习惯和所知所想，帮助科研人员对科技绘图设计进行更好的理解。

操作技术上，通过与专业的软件公司合作，作者从初学者的角度出发，由浅入深、由易到难地介绍了 CoralDRAW、Maya、PaintShop Pro 等几种软件的操作技术。

本书丰富的案例凝结了作者对科学与艺术之间关系的独到见解。作者的经验和对各类工具的熟练使用技巧，不仅对科研人员的科技绘图具有指导作用，而且对科技绘图行业从业者也有实际参考价值。

随着时代的发展，无论是项目申请、奖项申报，还是工作汇报，让更多的人，包括大同行、评审专家、管理人员以及政府官员更加直观地了解科研工作的内涵，从而发挥基础科技更大的社会效果，是大势所趋，也是本书作者一直追求的目标。

本书既可以为专业设计人员提供参考，亦可以帮助科研人员自学，通过科研绘图来讲好自己的研究故事，展示科技的魅力，让科学之光焕发艺术之美。

江桂斌

中国科学院院士

序 2

Corel 公司是最早进入图形图像领域的软件公司之一，也是世界顶级的软件公司之一。经过30 多年的发展，公司产品由原本单一的图形图像软件，逐渐延伸到更系统的软件解决方案，分别涉及矢量绘图与设计、数字自然绘画、数字影像、视频编辑、办公及文件管理、企业虚拟桌面、思维导图与可视化信息管理 7 大领域。

信息时代，软件已经成为重要的生产力，好的软件能够化繁为简、化难为易，帮助各个行业提高工作效率，充分发挥劳动价值。好的软件生产者应该以优化软件性能，提高生产力为己任。

在 Corel 公司的软件产品中，CorelDRAW 和 Painter 分别是矢量绘图和数字自然绘画领域的标杆性产品； WinZip 是世界上第一款基于图形界面的压缩工具软件； MindManager 是最早出现且应用范围最广的思维导图与可视化信息管理软件。

Corel 公司的软件在中国的应用领域非常广泛，随着软件版本的更新以及新软件类型的加入，原有教程已经无法满足使用者和学习者的需求，社会上对新版教程的出版呼声较高。为响应社会各界用户的需求，适应新时代发展的特点，Corel 公司中国区近几年一直在精心筹备新版教程的编写和出版工作。

任何一款软件，让它真正“亮剑出鞘”，不仅要认识它的基础功能，更要了解它在行业中的应用技巧和具有行业属性的思维逻辑模型。在 Corel 公司软件产品几十年的应用和发展中，在各行各业积累了大量的优质用户，Corel 专家委员会特地邀请了行业应用专家和业界高手来参与 Corel 官方标准教程的编写工作。他们不仅对软件本身有深入的了解，更具有多年的实践应用经验，使读者在系统性地掌握软件功能的同时，更能获得宝贵的实践经验和应用心得，让 Corel 系列软件为大家的工作和生活带来更大的价值。

本套教程作为 Corel 官方认证培训计划下的标准教程，将覆盖 Corel 的主要应用软件，包括 CorelDRAW、Painter、《会声会影》、PaintShop Pro、MindManager 等。

本套教程具备系统、全面、软件技能与行业应用相结合的特点，必将成为优秀的行业应用工具及教育培训工具，希望能为软件应用和教育培训提供必要的帮助，也感谢广大用户多年来对 Corel 的支持。

本套教程在策划和编写过程中，得到清华大学出版社的大力支持，在此深表谢意。

本套教程虽经几次修改，但由于编者能力所限，不足之处在所难免，敬请专家读者批评指正。

张勇

Corel 公司中国区经理

前　言

科研动画是科研领域的重要工具，常用于重要科技项目，其信息密集、专业度高。但是，科研动画不像科技图像有明确的标准，在动态方式、画面内容以及制作技术路线方面都鲜有规则可循。本书将科研动画按照科研习惯的技术路线细分为几种类型，基于这几种类型分别给出软件的学习思路和学习方法。

1. 重视系统性流程

本书以科研动画为主线，分别讲述在不同科研动画中需要学习并掌握的软件，以期为初学者展现清楚的指向地图，帮助初学者清晰地理解科研动画的任务目标和解决任务的技术手段。

2. 配套视频教学

本书提供配套的视频教学资源，方便读者多维度地学习和理解软件。

3. 循序渐进的学习方法

本书采用循序渐进的学习方法，将复杂任务拆分成小任务，通过一个个小案例、小目标，不知不觉地完成与软件的磨合。

4. 内容有针对性，重视经验

本书介绍的软件较多，每款软件均以科研动画的使用为目标，不会对每款软件中琐碎的指令进行逐一讲解。围绕软件在科研动画制作中的作用和功能以及最后达到的效果，进行梳理性的讲解，屏蔽不常用的命令和与科研动画无关的操作，以免信息太多干扰学习思路。

5. 一线设计师团队撰写，经验技巧尽在其中

本书由科技图像专家宋元元、祝宏琳编写，书中采用的技术路线分解与案例分析均来自设计一线的实战作品，内容详尽，撰写风格贴近实战所需。

本书的配套资源请用微信扫描下面的二维码进行下载，本书超值赠送科技绘图领域的各类资源共七大类别，容量超过 45GB，请用微信扫描下面的二维码进行下载，如果在下载过程中碰到问题，请联系陈老师，联系邮箱 chenlch@tup.tsinghua.edu.cn。

如果有技术性的问题，请用微信扫描下面的技术支持二维码，联系相关的技术人员进行解决。

赠送素材

配套资源

技术支持

作者

2022 年 1 月

目 录

原理篇

第1章 什么是科研动画

第2章 科研动画的理论知识

动画生成篇

第3章　重要的动画生成工具——Maya

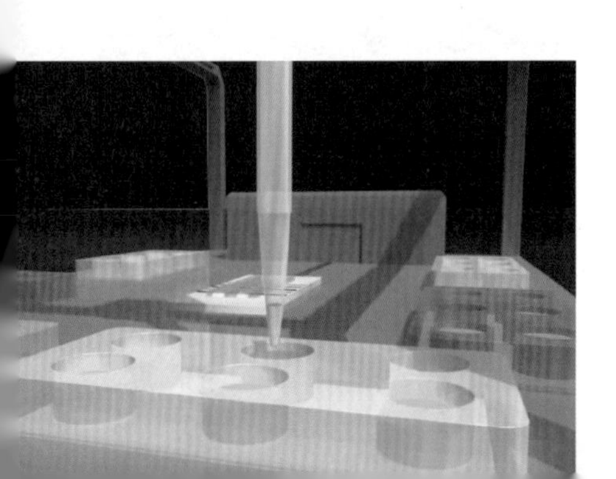

动画格式篇

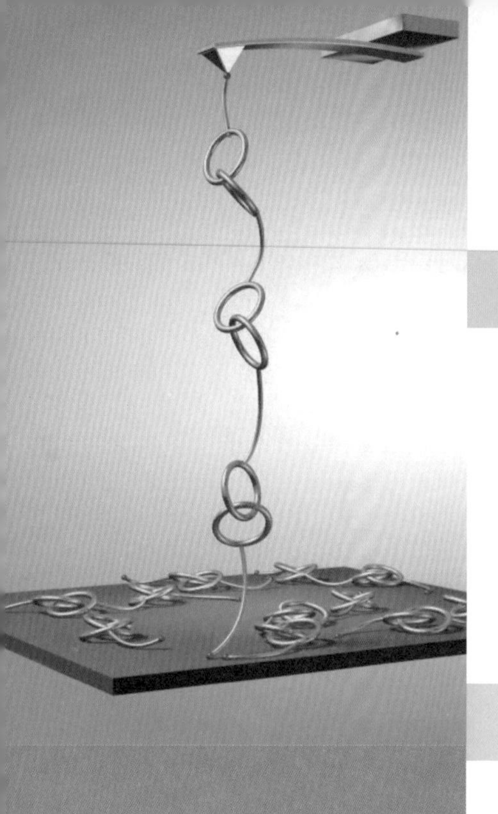

特殊动画篇

第6章　由科技图像直接生成的简单动画——Photoshop动画模块

第7章　制作让科技图像更有意境的动画—— PhotoMirage

原理篇

第1章 什么是科研动画

随着新媒体技术和信息技术的高速发展，通过新技术手段表现科研的成果已经在科研工作中逐渐得到推广，且以多种形式呈现出来。在传统的科研工作中，实验数据和实验现象是常用于诠释研究成果的方法，在电子信息技术介入之后，计算机取代了传统的手绘表现形式，在实验信息和研究结论的诠释中不仅可以给出实验数据和实验现象，同时也可以更直观的方式给出研究的逻辑和思考角度。

如果说科技图像是针对每一篇具体科研论文进行形象化表述的方式，那么科研动画则是针对一个科研特定阶段成果、特有现象进行总结的描述。

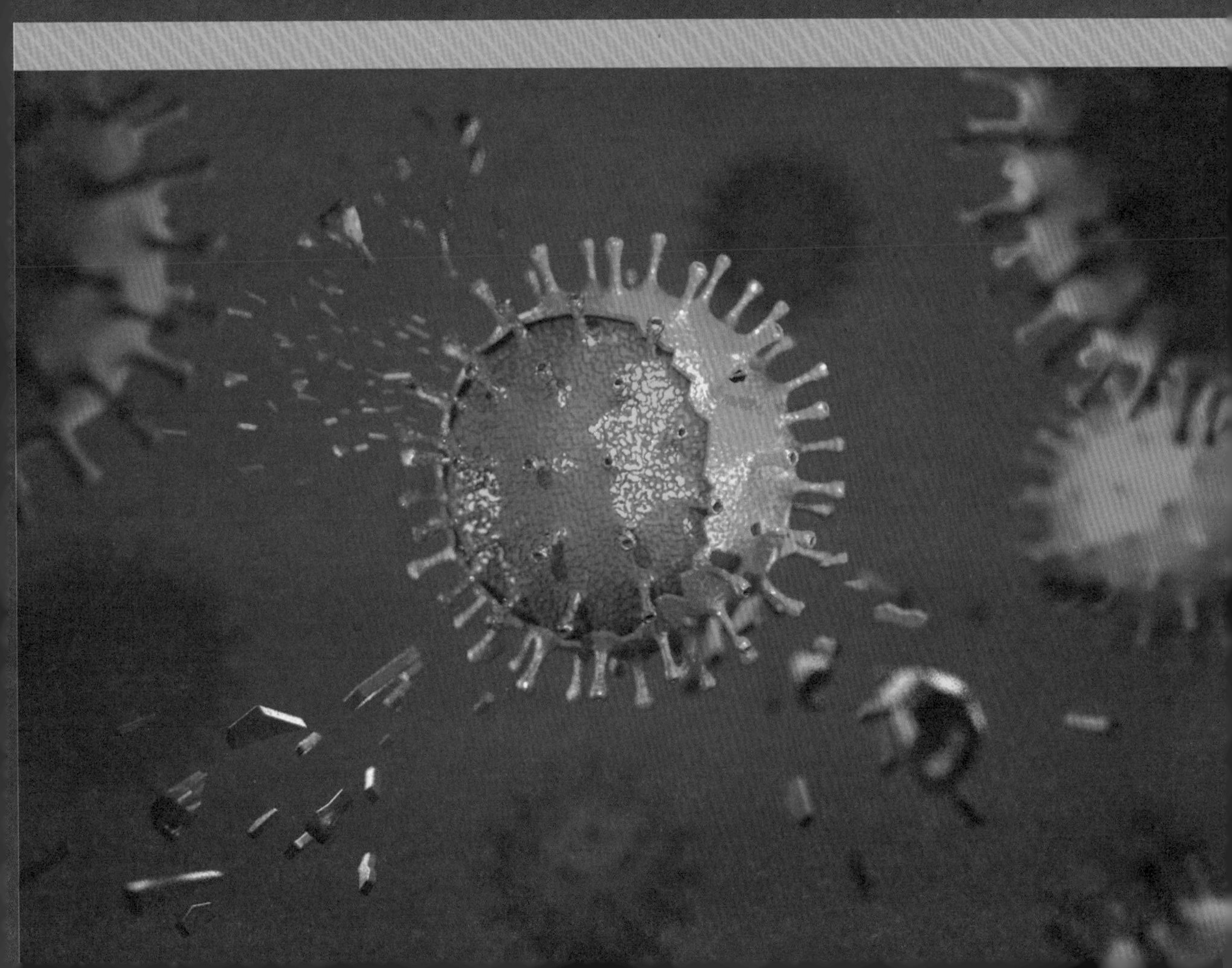

1.1 科研动画的特征及常见分类

在科研动画这种新兴科技手段进入科研领域时，大家似乎很难对其进行准确的定位。动画作为娱乐领域的代名词，其进入科研工作，总让人觉得有点格格不入，用什么名词来定义它都似乎有点偏差，例如动画、动漫都容易让人对其形式内容产生质疑，尤其是在我国常见的语境习惯中，“动画”往往都是针对低龄儿童的娱乐内容，并不会太关注其陈述信息的功能属性和技术特质，如果用“视频”和“动态”来描述，又似乎更接近实际拍摄的纪录片中的景象或者片段化的镜头。

经过近十几年的磨合，动画在科研领域的使用越来越趋于常态化，动画这一新兴事物进入科研领域且根据科研领域的应用特性，逐渐形成了具有其独特风格的表现方式，最终形成了“科研动画”这一叫法。

科研动画具有完全不同于娱乐、教育、科普等领域的画面风格，以动态画面来讲述科研信息，拆解科研原理，是专业领域人员快速、高效诠释信息的方式之一。

科研动画是随计算机动画行业的发展而诞生的新兴产物，又因其专业定位，而导致构成方式与常规的娱乐动画有较大区别。

1.1.1 科研动画的特征

科研领域的动画不仅不是一项单一的技术，也不是一款单一软件能够独立完成的工作，但是相较于常规的娱乐动画，科研动画的生产线则更精巧，不涉及复杂的多模块流水分工。

1. 科研动画是以阐述科研特定现象或者特定运作模式为主要目标的动画

科研动画的镜头主体是来自微观世界的结构，或者来自科研理论的模拟结构，例如医学领域研究的目标是人体的相关构造，化工领域研究的目标是反映其内部的运转过程，微生物领域关注的目标是细胞内的运动与变化，如图 1-1 所示。

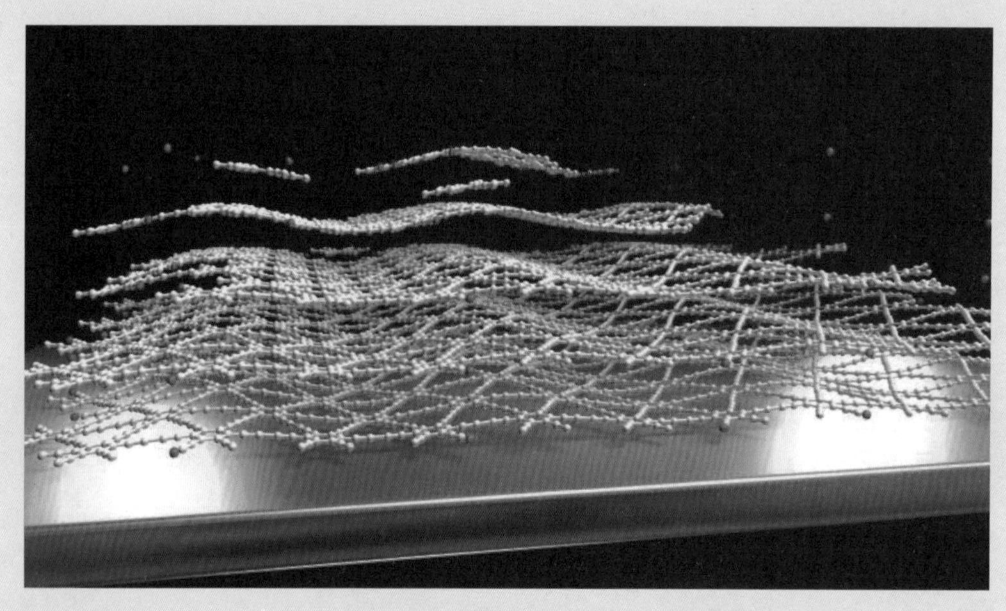

图1-1

2. 科研动画中的动态与表演主要基于原理阐述

科研动画中的镜头运动和镜头内结构的运动方式，主要基于科研希望表述的内容，在场景中表现辉煌与震撼的空镜头，在科研原理动画中往往是交代背景一带而过的镜头，如图 1-2 所示。而场景中究竟做了哪些与众不同的细节才是科研动画所关心的。

图1-2

3. 科研动画中的现象处理基于科学性而非情绪化

科研动画中可能出现的流水、雾气、高温等具有现象性的画面，多数的考虑是基于科学诉求的，也可以是对实验环境的表述，还可以是对实验发生条件的暗示，如图 1-3 所示。

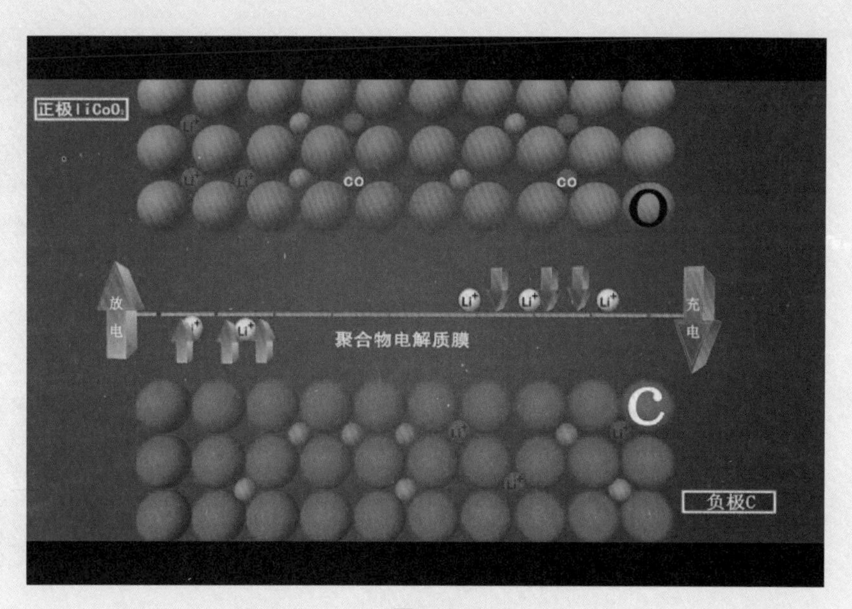

图1-3

1.1.2 科研动画的分类

科研动画常用于学术交流、学术项目汇报、项目开题或者结题验收等专业领域的交流场景，因此，常见的科研动画按照表达目标和技术路线可以分为以下几类。

1. 素材综合型动画

素材综合型动画是将实验过程中获得的视频素材、照片素材、用三维软件制作的虚拟原理动画、实验结论，甚至实验数据素材融合在一起，如图 1-4 所示，通过视频剪辑的方式合成一段完整的动画视频。

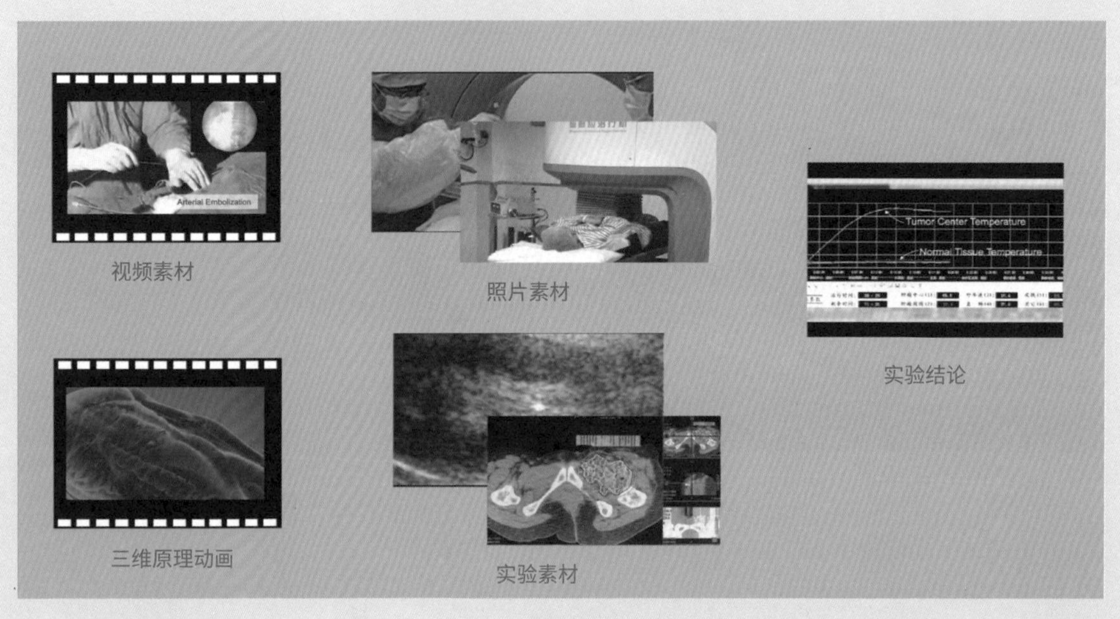

图1-4

在视频中会通过增加配音和配乐、文字标注、镜头转场、镜头素材关键帧设置等诸多技术，让画面看起来更流畅、更和谐，最终形成一段完整的动画视频，如图 1-5 所示。

图1-5

素材综合型动画常见的技术路线如图 1-6 所示，通过视频合成软件《会声会影》，将其他来源的素材和三维软件 Maya 中制作的原理动画合成为完整的视频文件，再由《格式工厂》软件转换成 PowerPoint 中可用的视频格式，或者其他系统常用的视频格式。

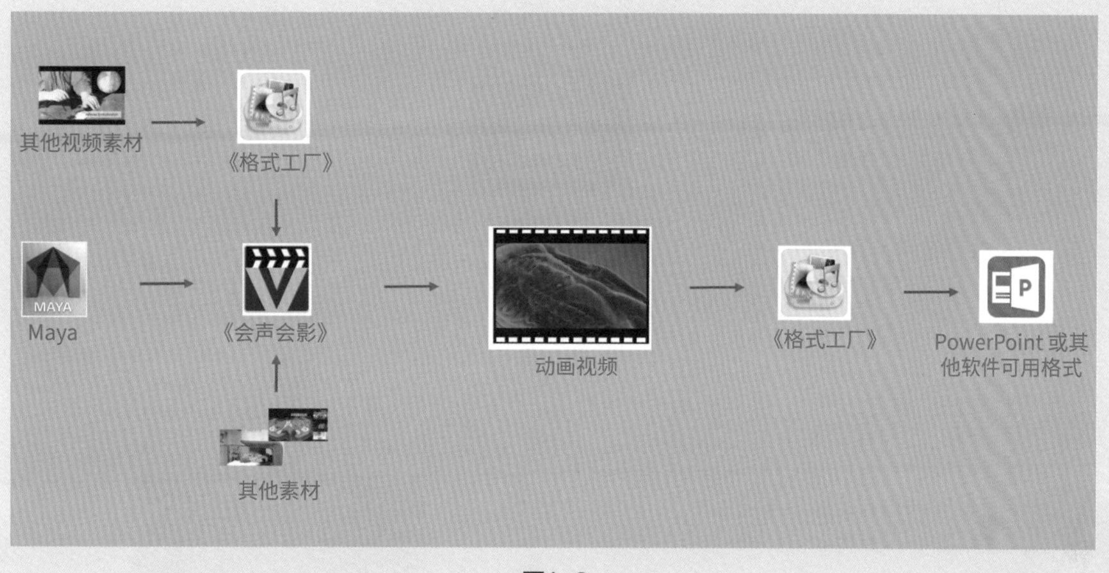

图1-6

2. 纯原理动画

纯原理动画指完全通过三维软件制作的虚拟结构动画，一般只用于特定技术细节或特定理论的阐述。为了更好地阐述科研原理信息，纯原理动画需要对镜头中结构的结合方式，甚至镜头的运动和切入角度进行设计。在动画展示过程中，镜头的剪切与衔接也是信息讲述的重要组成部分，如图 1-7 所示。

图1-7

纯原理动画大多是在三维软件中制作结构及动态的，如图 1-8 所示，最终以序列帧的形式渲染输出，再由视频合成软件合成为可以播放的视频文件。

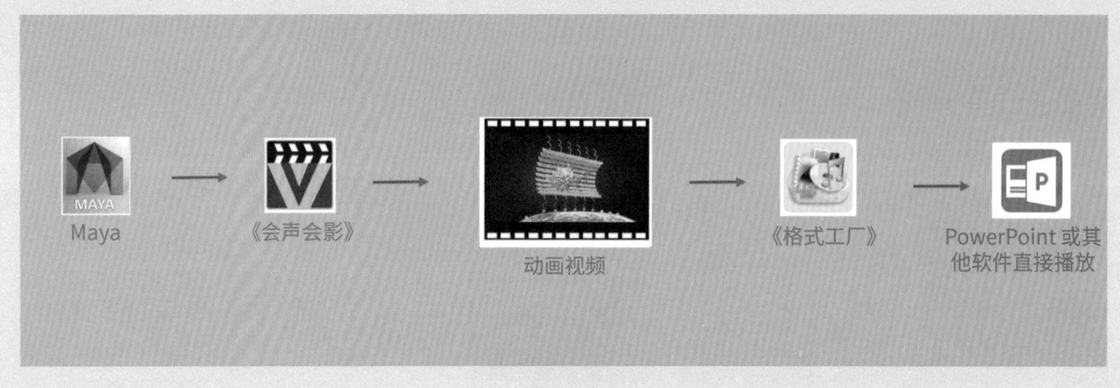

图1-8

3. 单镜头动画（简单的 GIF 动画）

单镜头动画在科研领域比较常见，通常指一个镜头中完成所有的流程动作，不会有太多的镜头切换，也不会有太长的时间跨度。单镜头动画常用于讲述一个特定的具体技术，其最终输出的文件格式一般需要转换为 GIF 格式动画，嵌入 PowerPoint 中作为动态图像使用，如图 1-9 所示。

图1-9

单镜头动画可以由原理动画切分而成，也可以用非常规技术手段 Photoshop 或者 PhotoMirage 等小型动画软件进行制作，如图 1-10 所示。

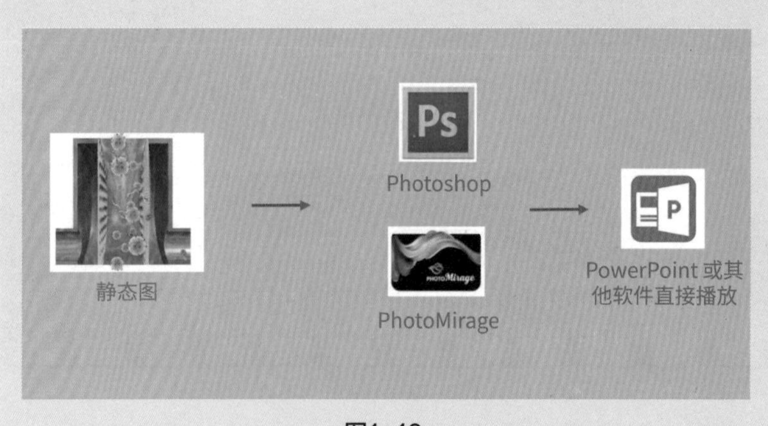

图1-10

1.2 科研动画与其他动画的异同

1.2.1 科研动画与娱乐动画的区别

动画技术源自娱乐，因为数字电影技术的发展而快速成长起来。科研动画是娱乐动画在跨界科研之后产生的新型技术，其不断汲取来自娱乐动画的新方法，但其内核则与娱乐动画有巨大的区别。

1. 表述方式不同

在影视动画和娱乐动画中，叙述的主体大多是一些具有人形的角色带领观众进入讲述的内容。科研动画大多要设计一个特定的角色，而角色设计的成败对影片很重要，这些角色负责引领观众的视角，让观众看到需要看到的内容，关注需要理解的结构变化，通过角色的肢体表演或者台词传达相应的信息，如图 1-11 所示。

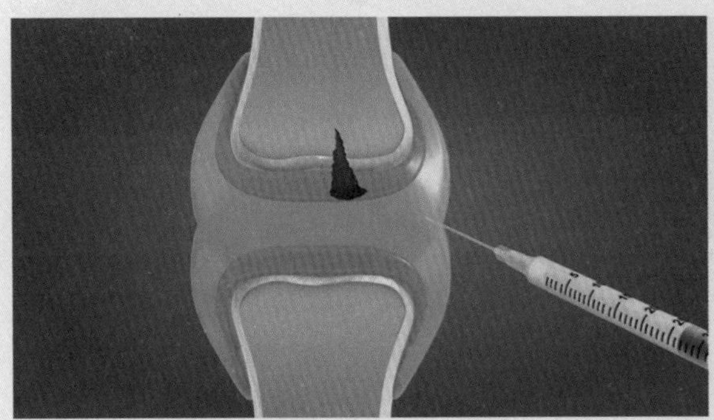
科研动画主体

娱乐动画主体

图1-11

2. 技术分布侧重不同

娱乐动画是通过镜头叙事方式来讲述一个跨越时间和空间的故事，在整个动画中镜头语言和故事情节非常重要。科研动画则主要通过结构与结构之间的细节关系来阐明科研的亮点。在如图 1-12 所示的技术分布图中可以看到，娱乐动画的关键点分布在设计和创意环节，而科研动画的重点则分布在制作环节。

3. 视听环境不同

娱乐动画是幻觉的艺术，是休闲的艺术，通过声音、音乐、画面将观众带入幻觉的世界中，希望观众有主观代入的体验感和经历感。缓慢推进的镜头配合悠扬绵长的音乐会让镜头运动的时间感发生变化；紧张悬疑的节奏会将观众带入即将来临的气氛中。这些多维度、多层级的体验感，视觉、听觉达成巧妙的配合，整体形成了一个视听的环境。在整体环境中，画面的视觉效果和运动效果是在明处为观众开启“所见即所得”的真实感，而音乐、音效等潜意识的引导也会让画面的意境和质感配合提升，如图 1-13 所示。

科研动画经常会应用在科研项目答辩、科研项目立项、科研学术会议等凝重的场景中，能借助的辅助环节可以有淡淡的背景音乐，但是其他的效果不仅不会加分反而会添乱。在科研动画的应用场景中，去掉背景音乐的协助，镜头的运动和镜头中主体运动的时间感不会发生变化。

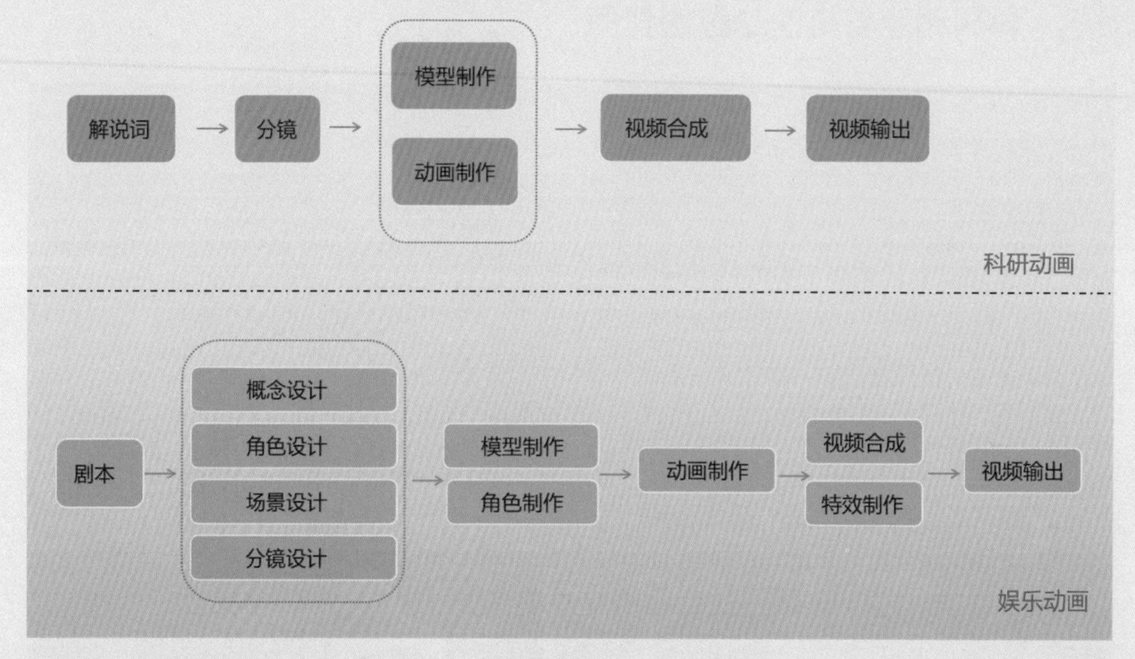

图1-12

科研动画播放场景

娱乐动画播放场景

图1-13

在娱乐动画中，除角色的表演外，运镜的节奏感和镜头的切换也在配合整体视频为观众传递信息。叙事节奏也会用来营造影片的情绪，如神秘感、期待感、欢喜的情绪、悲伤的情绪、积极鼓励的情绪、努力进取的情绪等。在剪辑中会有主观镜头、空镜头等与实体结构无关的用于渲染气氛的镜头。而科研动画中基本不存在大的情绪线，不存在没有对应关系的空镜头。

1.2.2 科研动画与教学动画的区别

在教育领域，经常借用多媒体手段让学生对知识有更形象的理解，在一些专业学科领域，如化学、化工、生物等经常通过多媒体教学来强化学生的安全意识，针对实验室贵重仪器的使用操作或者危险性实验，教学动画是很好的补充。下面来进一步讲解科研动画和教学动画的区别。

1. 教学动画平铺直叙，科研动画聚焦重点

教学动画按照学生学习的课程规划给出辅助的教学信息，或讲述理论模型，或讲述操作流程。教学动画讲述的内容是大家都了解的内容，其创新性体现在内容组织和讲述方式方面，如字幕、配音解说等。科研动画讲述的内容是大多数人并不十分了解的，只有课题研究者才清楚知道要讲述的内容，科研内容的创新点是画面内容给出的，不需要通过过多的解说和文字来实现，如图 1–14 所示。

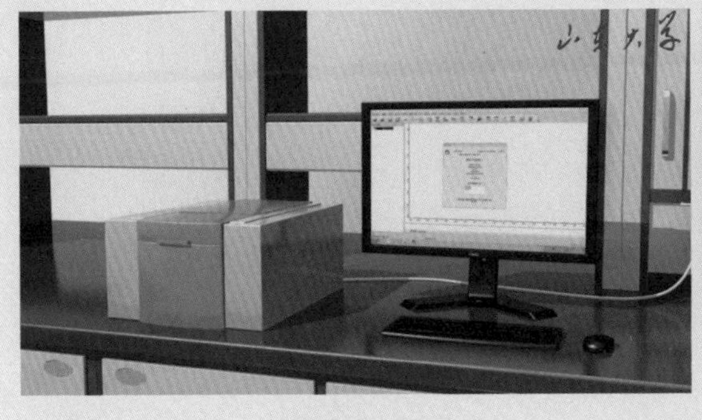

教学动画

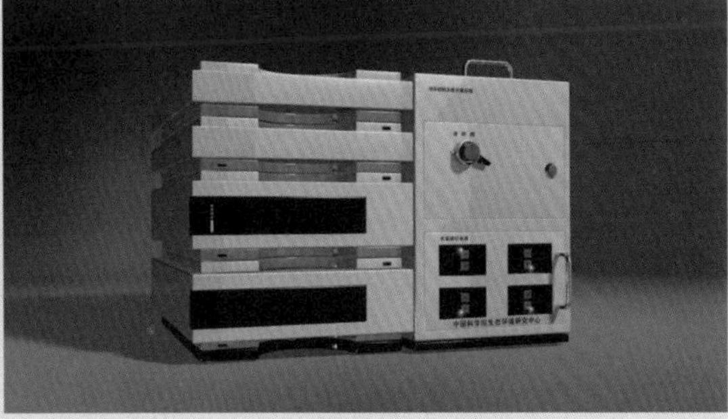

科研动画

图1–14

2. 教学动画的目标是确认教学点，科研动画的目标是呈现科研关系点

教学动画的目的是完成教育认知，其篇幅略长，整个动画中注重流程与逻辑关系。科研动画篇幅短小，以最有效的篇幅来讲述最精准的关注点。以图 1–15 所示为例，同样给出基础信息标注的画面，如果用在教学动画中，接下来的讲述会侧重如何打开旋钮，以及烧杯摆放的位置，而在科研动画中则侧重讲述在分流位置分流的原理。

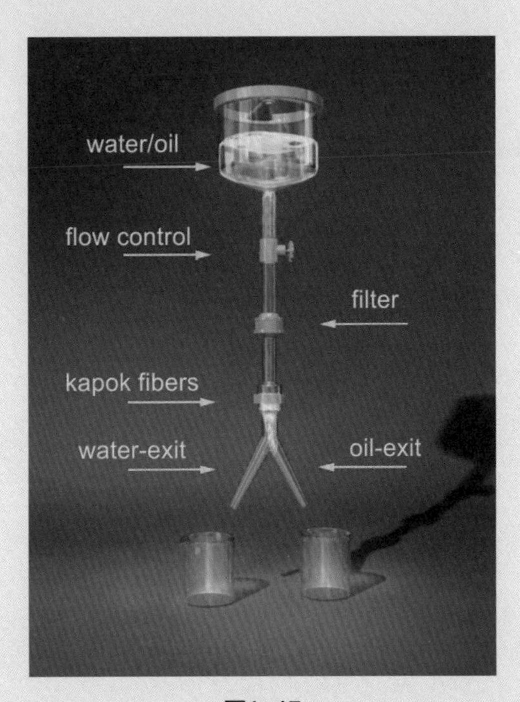

图1–15

教学动画和科研动画从画面上看似乎没有那么明显的分水岭，但是，需要特别注意的是，教学动画偏向科研，不会有太多问题，只会延长讲述篇幅，而科研动画如果偏向教学动画，则会导致节奏拖沓，降低阐述效率。

1.2.3 科研动画与科普动画的区别

接下来需要区分的一种动画类别是科普动画，在互联网和各种电子设备快速发展的今天，为大众解读科学信息的科普内容，也经常会用到动画这种更加生动活泼的传播形态。

从画面到构成来看，科普动画与科研动画的接近度比较高，同样以讲述科学内容为主体，同样以传达科学知识为主线，不会以塑造某个角色为主要目标，不会有人物的情感纠葛。

科普动画与科研动画的区别主要表现在以下几个方面。

1. 受众对象不同

科研动画是专业领域的内容探讨，是在有限时间内的专业竞技，要有效地为专业人士呈现项目研究信息，阐述项目亮点。科研动画侧重于陈述当下研究的重点，所以，与研究相关的背景知识要根据情况酌情增加。科研动画是科学家的主观表述，为了更好地论证研究结论，科研动画中需要加入数据、曲线图等信息来强化专业度，如图 1-16 所示。

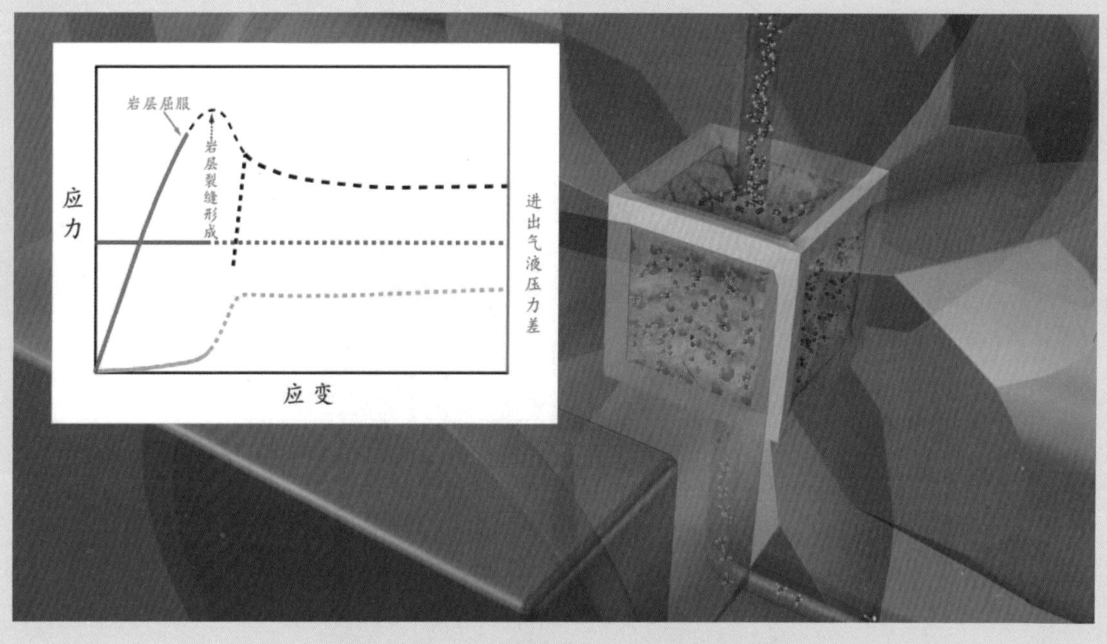

图1-16

科普动画的受众面更宽泛，为了让更多人理解科学，了解科学，需要把科学信息的前因后果有逻辑地串联起来，为大家呈现一个相对系统、完整的故事。为了产生故事性，科普动画经常会调动一切可能的方式，例如，引入角色和场景、增加表演性和趣味性，附加旁白和讲解信息等等，在故事讲述中，对于每个点但求清楚，不求深度，尽可能地化解专业词汇，以便营造较为完善的故事线，如图 1-17 所示。

图1–17

2. 创作路径不同

科普动画的创作遵从娱乐动画创作的路径，从脚本方案到设计创作，再到制作执行，会按照事先规划的方案逐项进行，前期规划环节尤为重要，叙事的节奏、镜头的使用都会在规划环节确定，如图 1–18 所示，其中科学内容信息的融入与剧情处理会在规划环节融合处理。

图1–18

科研动画是基于科研内容表达的，镜头感和镜头速度都是服务于画面中的科研内容，在制作过程中，可能会因为强化科研内容而改变之前预设的镜头，科研动画的创作随着科学内容变化的可能性，进而引起画面内容、镜头数量、镜头语言的变化。如图 1-19 所示，为了在看到结构宏观应用的同时看到微观的结构原理，在最初规划的镜头上增加了信息补充的放大图。

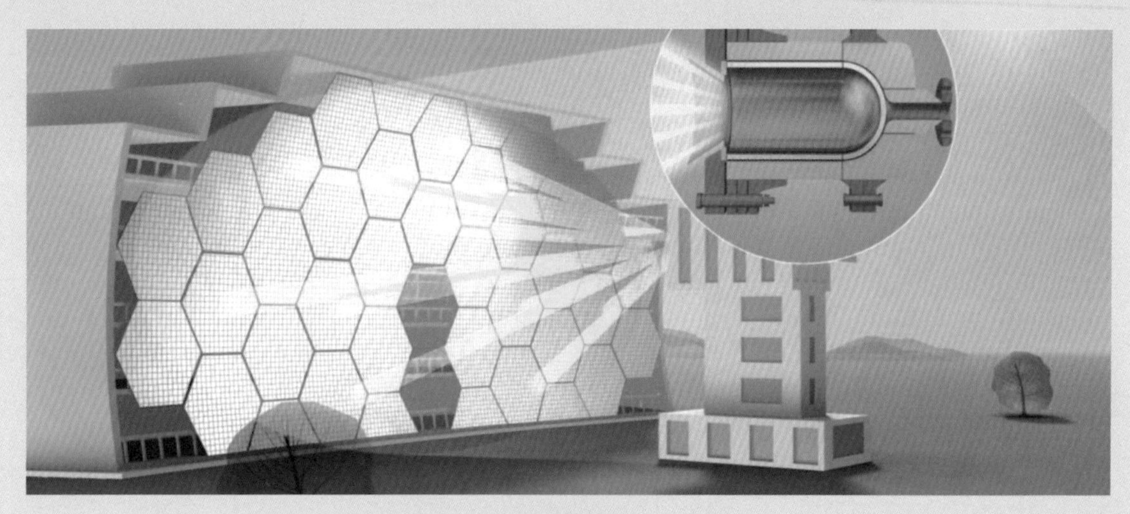

图1-19

1.3 科研动画的学习方法

从科研习惯的文字术语呈现到以镜头为目标的结构呈现，科研动画的学习需要从以下两方面入手。

（1）从思路方面进行转换，将自己习惯的科研语言转换到镜头语言，习惯用镜头语言来叙述自己研究的亮点。

（2）动画制作不仅是单一软件内部的流程问题，在不同软件之间也会出现流程秩序，在学习之前先搞清楚工作流程，在特定的环节按照自己的需求来使用软件，这样可以有效提高工作效率。

1. 结构制作软件

在动画制作中经常需要使用三维软件来构建基础结构，常见的三维软件包括 Autodesk 公司出品的 3ds Max 和 Maya、Maxon 公司出品的 Cinema 4D、Dassault Systemes S.A 出品的 SolidWorks 等。这些软件的操作方式大同小异，工作流程和思路基本上也是一致的，如图 1-20 所示。

（1）在三维软件工作流程中，首先需要构建模型，用三维软件中提供的建模功能实现目标的结构实体状态。三维软件是采用在空间中雕塑式的模型构建方式，避免了传统二维画布式操作的透视关系处理和遮挡关系处理的麻烦。

（2）为模型增加动画。三维软件中除构建模型功能外都会提供变形器、关键帧动画、流体动画等诸多让结构产生运动或者形变的功能，而产生的动态不仅是在结构上的静止状态，还可以记录变化的过程，进而生成我们需要的类似真实世界的反映过程。三维的建模功能为科研领域讲述微观结构变化提供了可能性和可修改性，动画功能则为科研领域的原理阐述提供了更多可能性。

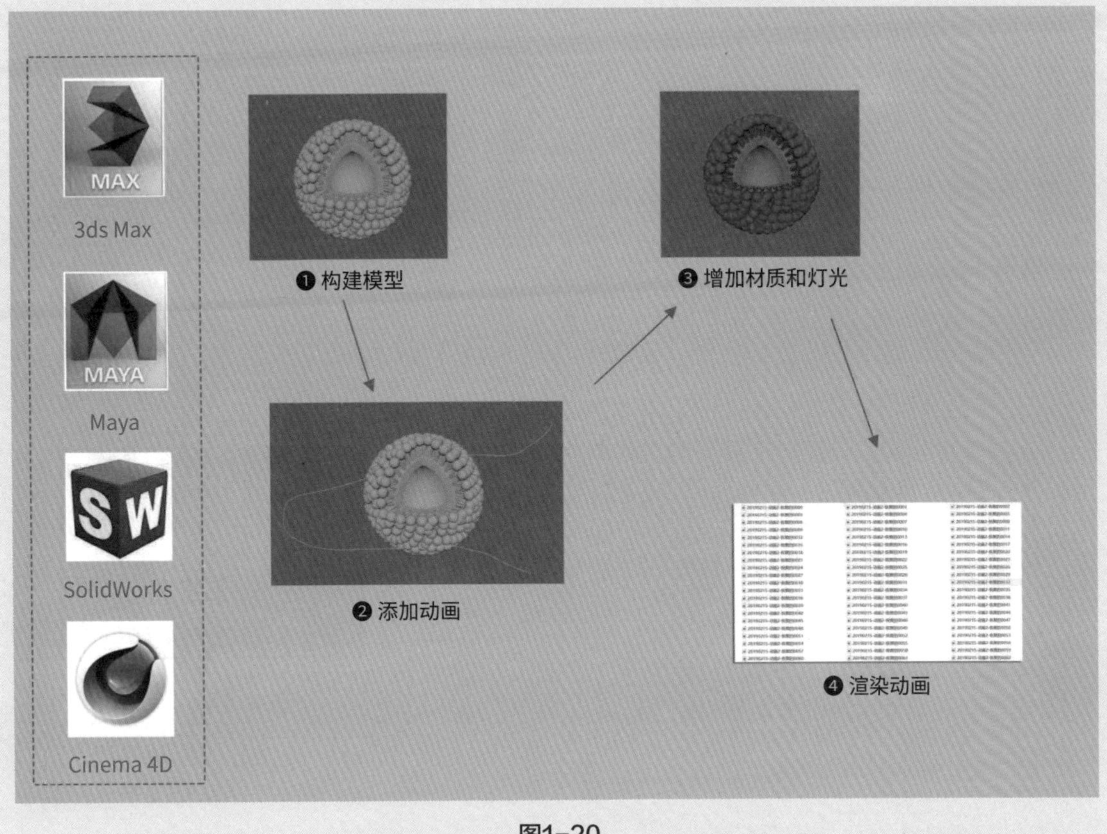

图1-20

（3）为模型增加材质，为场景增加灯光效果。三维软件中的材质和灯光是提高画面美观度的关键，无论是渲染单帧图像，还是渲染序列图像，材质与灯光都是必不可少的。如果有特殊需求，灯光和材质还可以增加配合原理产生变化的效果。

（4）科研动画渲染。在制作科研动画时，三维软件最终的输出方式是图像序列帧，而不是视频片段，在三维软件中渲染视频片段一般是未经渲染的预览视频，要获得高品质的画面则需要将设置好的动画逐帧地渲染输出，再将渲染的序列图像导入合成软件进行合成，增加特效，或者与文字、数据、照片等元素相融合。

2. 视频合成软件

三维软件提供原材料，视频合成软件则将半成品的图像元素合成为完整的视频文件，常见的视频合成软件包括，Corel 公司出品的《会声会影》、Sony 公司出品的 Vegas、Adobe 公司出品的 After Effects 和 Premiere。视频合成软件的工作流程，如图 1-21 所示。

（1）视频合成软件都具备将各种不同素材文件导入的能力，包括视频素材、图像序列、单帧图像、音频素材等。

（2）按照影视非线性编辑的习惯，视频合成软件一般都会采用时间轴多轨道编辑的方式来处理导入的各种素材。

（3）在视频合成软件中不仅可以将图像序列简单叠加合成，还可以为视频画面增加更多的效果、修正润色，以及增加箭头、文字、灯光、特效、转场等。

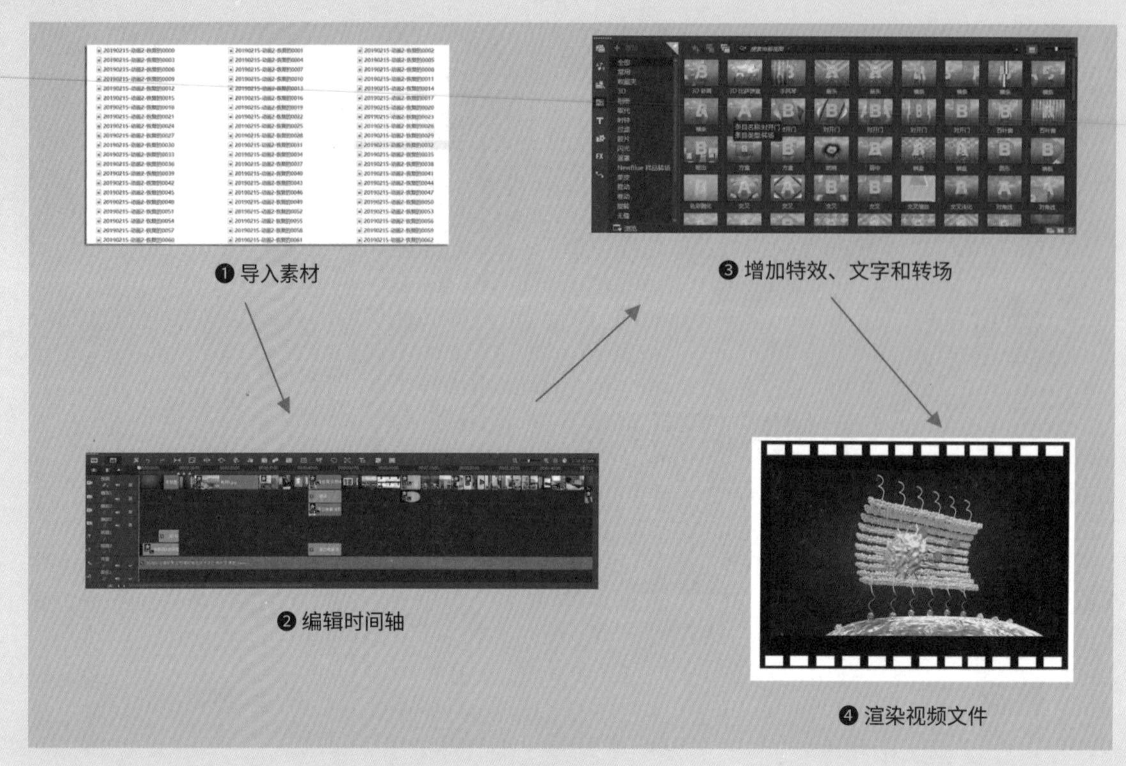

图1-21

（4）合成完成之后，渲染输出视频文件。合成软件最终渲染输出的通常是无压缩的视频文件。

3. 格式转换软件

由合成软件直接渲染获得的视频文件尺寸通常比较大，导致无法直接使用，要使用视频文件通常需要转换文件格式，当视频文件在不同平台使用时也会遇到文件格式的问题。格式转换软件主要解决视频格式转换和原始视频格式的压缩问题。

本书后面章节中会在三维结构制作、后期合成、格式转换环节中分别选择一个具有代表性的软件来讲解其使用方法。例如三维软件以 Maya 为例，但是使用 3ds Max 和 Cinema 4D 的读者，可以根据 Maya 操作的流程在自己熟悉的软件中寻找对应功能来举一反三；再如视频合成软件以《会声会影》为例，希望简化对视频非线性编辑的理解过程，使用 After Effects 和 Premiere 的读者同样能做到相应的效果，只是软件指令位置不同，实施个别指令时需要对应调整的参数不同而已，但是同类软件使用的原理是相同的。制作科研动画并不需要过多的特殊效果，这些软件的差异恰好在特殊效果方面，如插件、模板等。后续章节中对每个环节所选择软件的功能剖析和使用示意，尽可能还原制作科研动画所需的技术实施路径，结合案例来理解在不同使用条件和需求情况下技术路径的变化。

第2章

科研动画的理论知识

从科研论文的文字表述到图像表述需要经过思路切换——从实验的操作流程切换到图像的结果呈现。从科技图像到科研动画同样需要语言切换，科研动画并不是在科技图像上缩小视角的镜头位移，动画是通过镜头衔接来讲述科研结论的方式，在科研动画中需要设计镜头的运动方式、设计镜头的剪切方式，以及设计镜头中结构的运动方式。科研动画不像传统动画那么复杂，也不像纪录片的镜头注重形式感，科研动画的镜头设计需要带领观众进入自己所关注的主观视角，从而解析和阐述自己的科研观点。

2.1 以纳米药物动画为例理解科研动画的表述方式

纳米药物领域科学家研究纳米颗粒合成的技术路径或者方式，再结合应用来讲述纳米颗粒在应用环节的技巧，进而说明结构设计的特质。以图 2-1 所示为例，图中分两个段落阐述了纳米药物的应用和纳米颗粒的合成过程，在科研动画设计中需要将这两个过程综合体现。

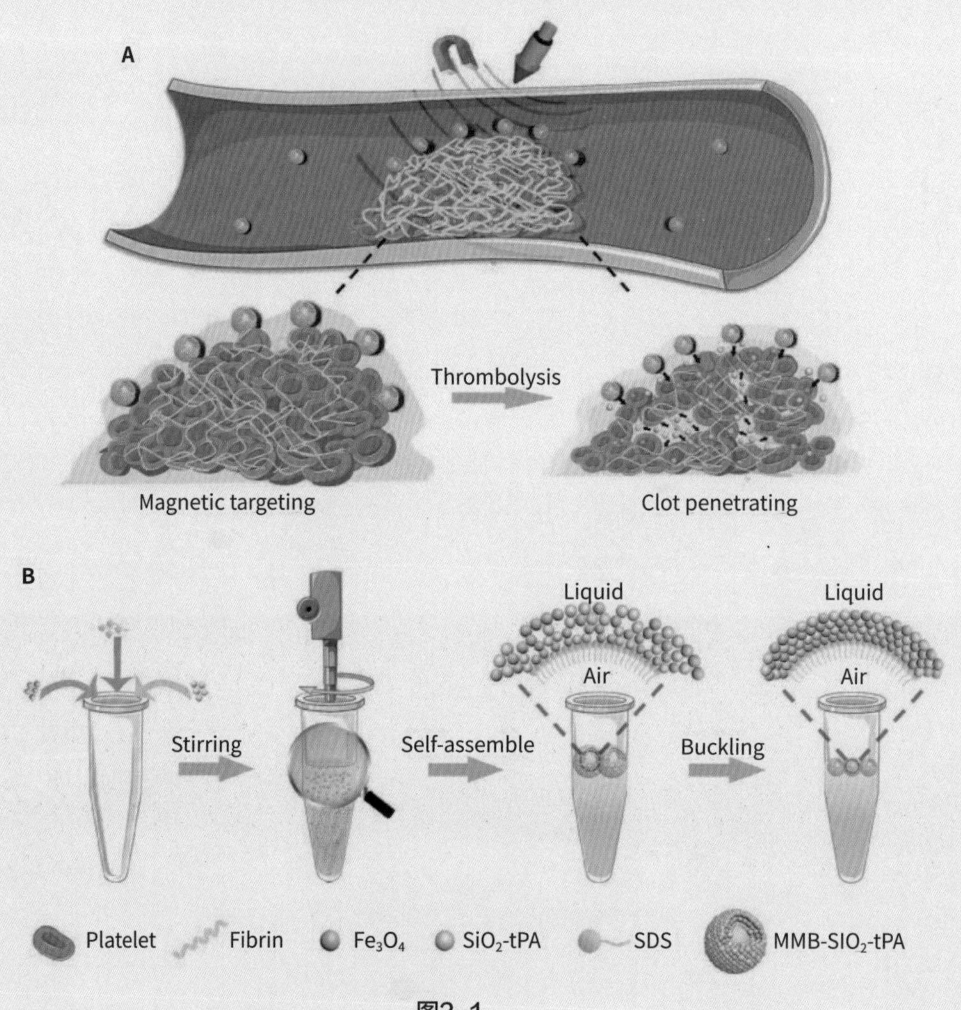

图2-1

根据当前的内容选择讲述研究过程的顺序，在静态图像 B 中阐述 3 种类型的纳米颗粒进入同一个离心管，增加超声搅拌器，搅拌均匀。将这个段落的内容合并在同一个镜头中，设计分镜脚本，如图 2-2 所示。将时间顺序改变为空间顺序，镜头进入超声搅拌器，向下摇镜头到溶液中，可以看到搅拌溶液的同时，有 3 种不同的纳米颗粒。

在溶液中，3 种颗粒会混合形成一个各自占一定比例的纳米颗粒，如图 2-3 所示。组装的纳米颗粒会逐渐形成紧密且整齐排列的颗粒，动画比图像更能游刃有余地表现颗粒内外的特征，以及颗粒的特征，在颗粒本身的特性上衍生出多余的镜头，从而阐述颗粒经过反复膨胀而紧密扣合这一特性。

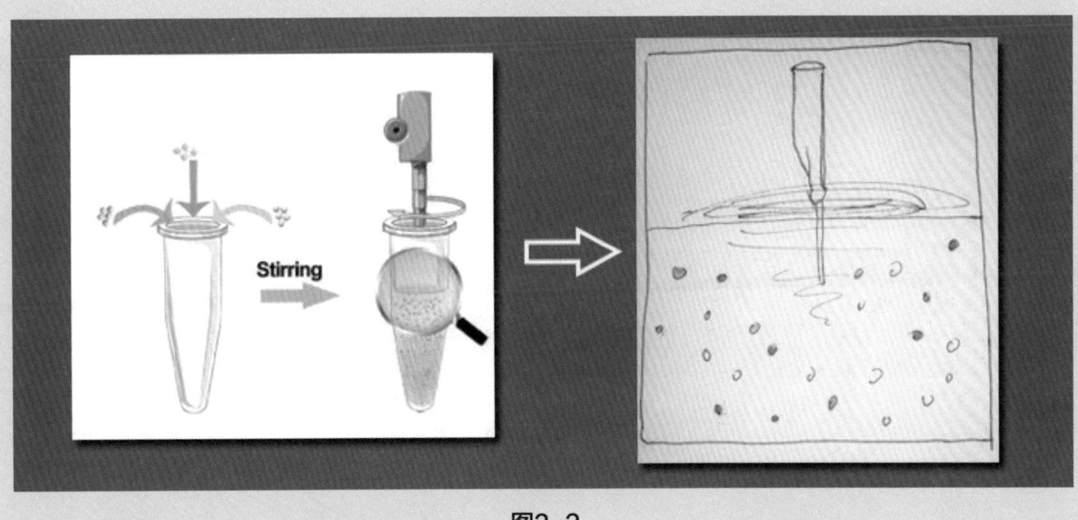

图2-2

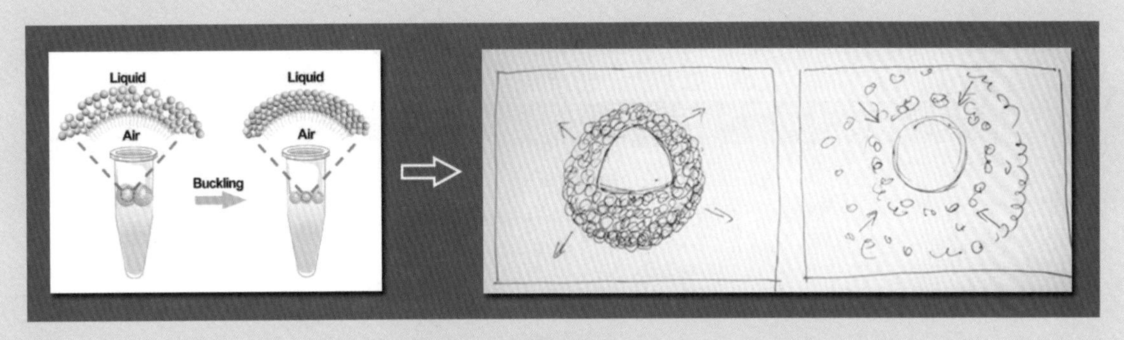

图2-3

纳米颗粒的特征讲述清楚即完成了图 2-1B 部分的阐述，需要进入图 2-1A 部分的阐述，镜头转入血管，看到纳米颗粒在血管中伴随血红蛋白一起流淌，运行到血管栓塞部分，将镜头缓缓推进到血栓，如图 2-4 所示。

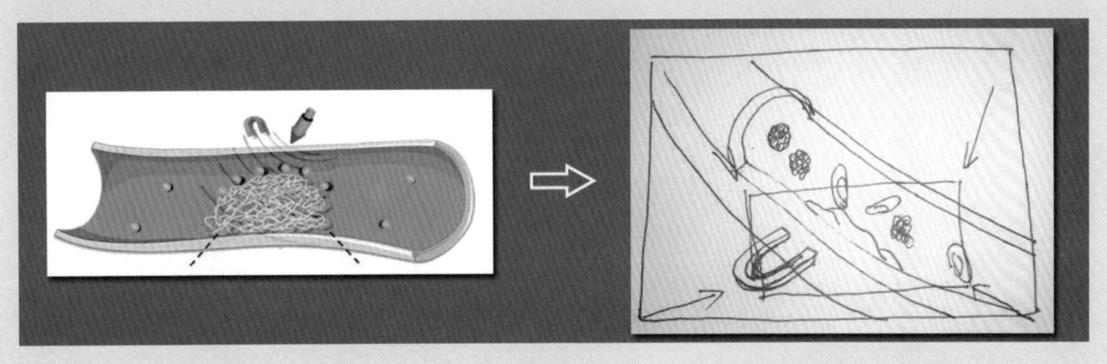

图2-4

在图像中纳米颗粒的作用方式要通过给药之前的状态和给药之后的状态形成对比，再加上术语表述出来。在动画中，纳米颗粒在栓塞区域再次重复膨胀收缩，可以用符合科研立意的方式表现出来，更容易讲述优势点，此镜头中的运动设计是讲述结构特征的重要考量点，如图 2-5 所示。

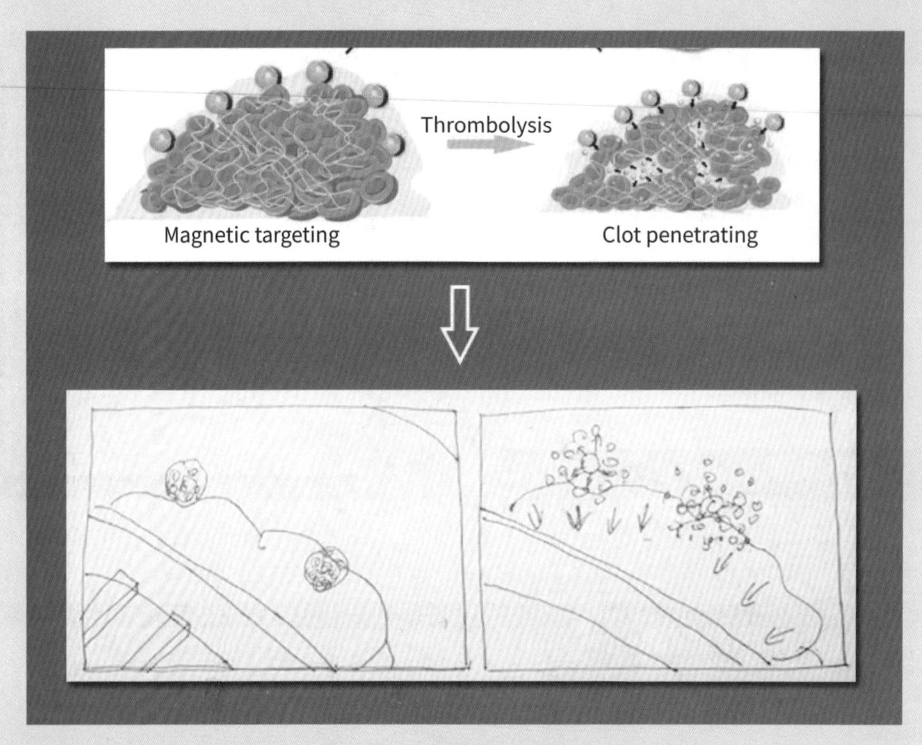

图2-5

纳米颗粒膨胀收缩的反复运动与前一个镜头形成重复对比，会强化观众观看视频之后对纳米颗粒运动特征的印象，潜移默化地加深了该项目的特征性。

最终的分镜头脚本如图 2-6 所示。镜头先进入有纳米颗粒悬浮的画面，在溶液中有垂直于画面的超声波搅拌器，随着超声波搅拌器在水中的扰动，颗粒逐渐团聚成球；由镜头 1 转场到镜头 2，在镜头 2 中只有纳米团球，而纳米团球会产生向外膨胀的运动和镜头 3 中向内收缩的运动；切换到镜头 4，纳米药物在血管中流动，镜头逐渐推进到纳米颗粒作用的位置；切换到镜头 5，充分展示在当前镜头中纳米药物作用的细节。

图2-6

当前分镜头脚本中所需要的结构和结构的运动基本规划清楚，接下来按照该分镜头脚本完成动画制作即可，视频截图如图 2-7 所示。

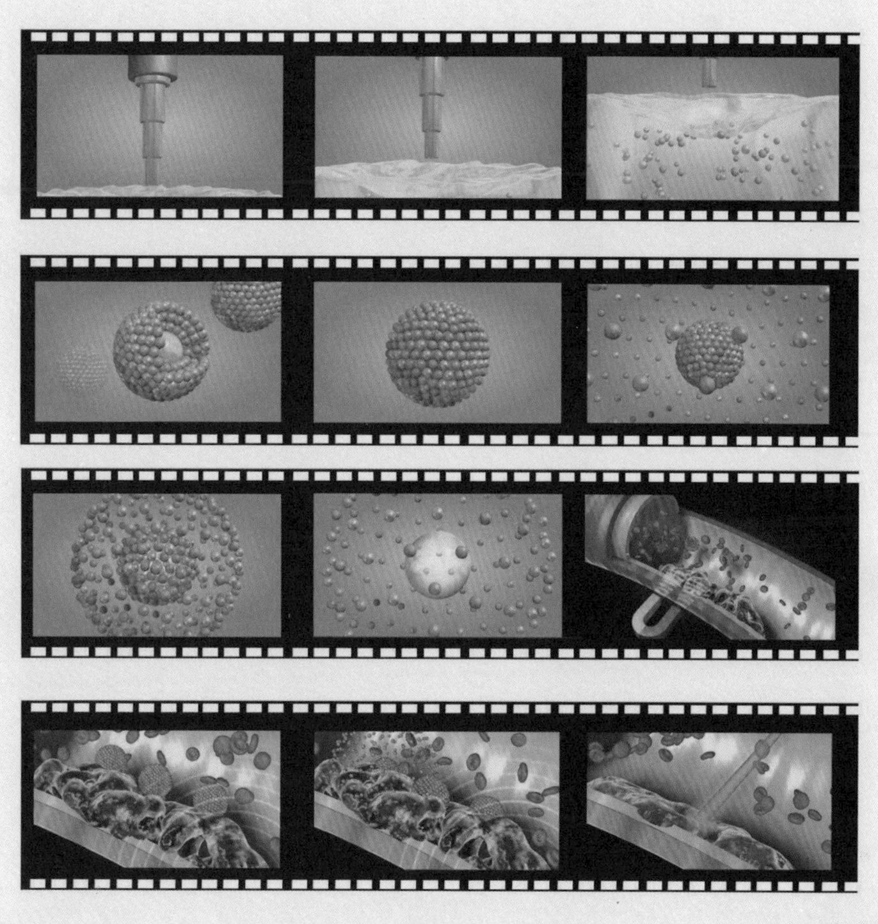

图2-7

2.2 科研动画中的常见镜头设计方式

动画是利用镜头中运动的结构来叙事的，可以弥补静态图像中的时间缺憾，在科研项目中相对于大量的数据资料，视觉画面更容易调动观众的视觉兴奋感，而科研动画虽然没有音乐和音效加持，运动特有的节奏感在脑海中埋下的印象会与数据和文字形成强烈的反差，巧妙地使用动画可以在解读科研成果的过程中，为观众留下深刻的印象。

2.2.1 分镜头脚本的概念

在传统的影视和动画领域，分镜头脚本是帮助导演规划影片拍摄的方式。在科研动画领域分镜头脚本具有同样的作用，在模型制作之前通过分镜规划要表现的段落和镜头的关注点，在后续制作环节不至于节外生枝、越想越多，最终导致扰乱了初始创作方向。

在科研动画中正确使用分镜头脚本需要了解以下几点。

（1）分镜头脚本不是视频截图，而是制作视频之前的规划图。

（2）分镜头脚本是给设计师、动画师来记录、标注镜头的分割方式，以及镜头内元素对象的运动方式的，分镜头脚本中结构的形貌是否详尽、准确并不重要，而结构在镜头中出现的位置和方式更重要。

（3）科研动画利用分镜头脚本来完善表述，不是传统动画中真正意义的分镜头脚本，大多数针对原理动画这种可以掌控画面的情况，如果是素材衔接的动画，画面中的构图和镜头之间的衔接都会受到素材限制，分镜头脚本则只能协助梳理素材的需求方向，而不能规划镜头中的结构方式。

（4）分镜头脚本是交流的工具，而不是绘画技能的体现。在分镜头脚本中需要注意正确、合理的标注方式和镜头之间组合的思路，不需要担心自己的绘画能力。

2.2.2 常见的分镜标注方式

分镜头脚本中主要需要标注的是镜头关注点和运动方式，下面来看常见的镜头标注分别代表什么意思。

1. 推镜头

推镜头表示镜头在当前视角中，向前推进镜头接近观察对象，如图 2-8 所示。

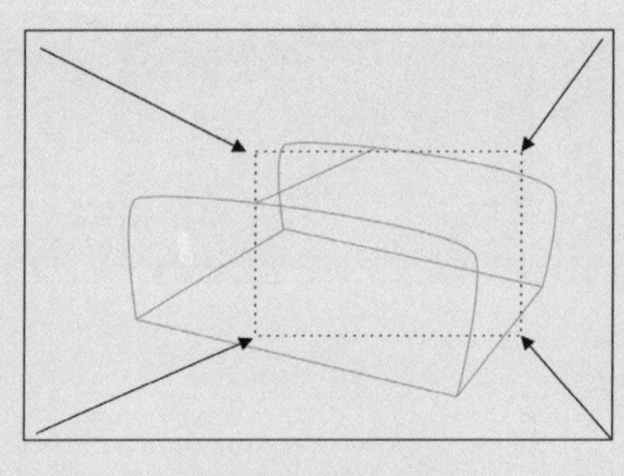

图2-8

推镜头是科研动画中常见的镜头运动方式之一，常用于起始镜头处于全景观察角度，再通过推进逐渐接近观察对象，观察细节、局部、剖面，如图 2-9 所示。

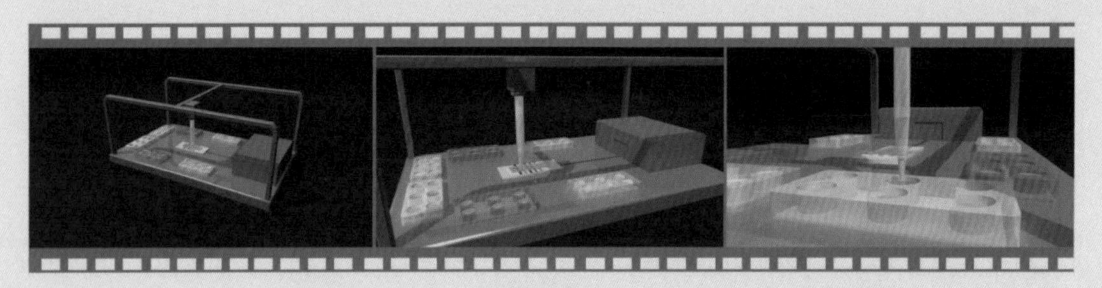

图2-9

2. 拉镜头

如果说推镜头就像“凑近了看”的效果，那么拉镜头就是逐渐后退的过程。具体流程为，从细节展示开始，停留一段时间再后退观察全景，全景展示完毕后可以转移视角再看另一处的细节。如果需要展示的细节较多，可以重复此过程。拉镜头不仅可以展示动画效果，还可以交代各处细节之间的位置关系，如图 2-10 所示。

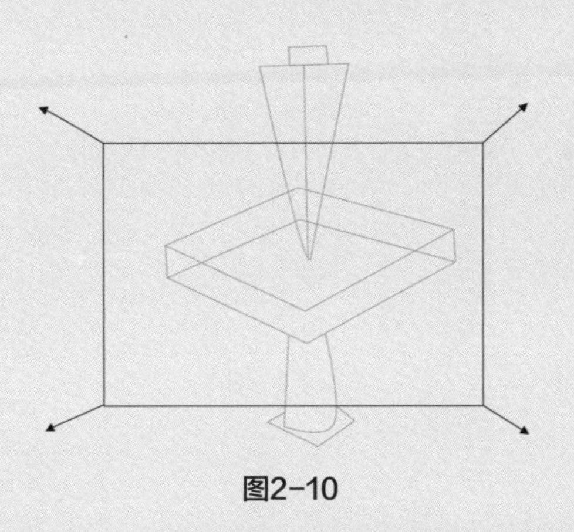

图2-10

随着镜头缓缓地后移，拉镜头会让观众产生时空转换的错觉，镜头观察对象的运动吸引了观众的主要注意力，而镜头拉出的运动会被忽略，如图 2-11 所示。

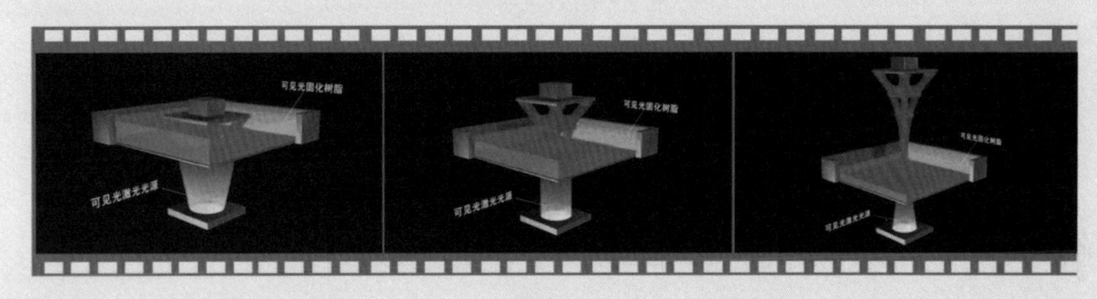

图2-11

3. 摇镜头

摇镜头一般常见于宽高比相差悬殊的观察对象，以全景镜头进入结构看起来比较小，浪费镜头画面，不如直接切入局部，从局部摇动镜头浏览结构，最终得到结构全貌。因此，常见的摇镜头会有左右摇移和上下摇移之分，如图 2-12 和图 2-13 所示。

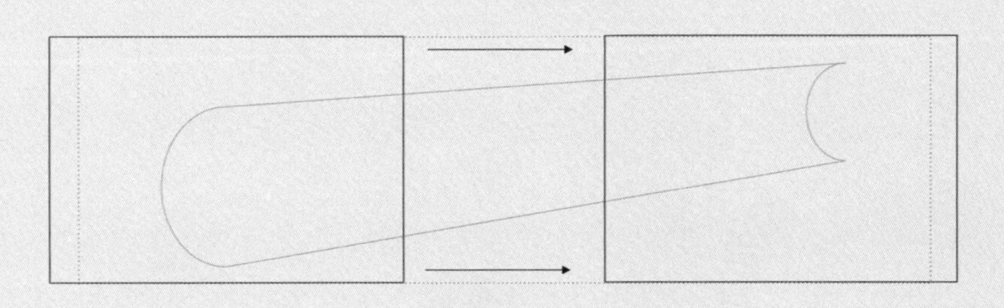

图2-12

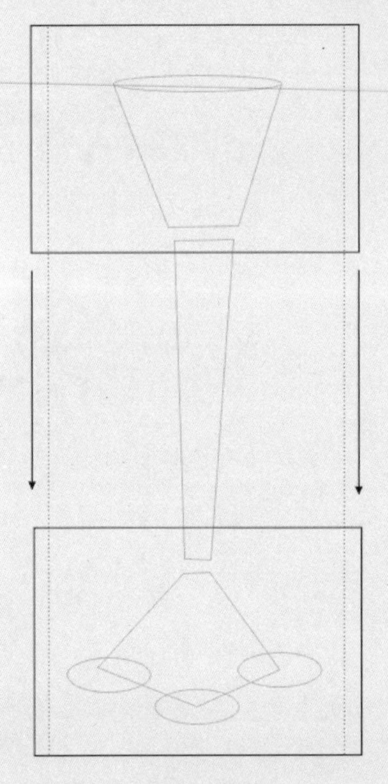
图2-13

科研动画很少使用摇镜头单纯地看结构。在科研动画中，使用摇镜头不仅要看结构的各个环节，同时还会选择一个跟随动作或者运动路径进行逐个结构细节的浏览。摇镜头适用于大型的仪器装置，当设备太大，无法同时兼顾微观和宏观视角时，摇镜头是最好的解决方案。

4. 镜头之间的衔接

镜头之间的衔接有两种常见的处理方式。一是从上一个镜头直接跳到下一个镜头，称为“硬切镜头”，硬切镜头是通过两个镜头之间画面内容的衔接性来过渡的；二是在两个镜头之间增加转场，借助转场的过渡，让两个画面产生关联性。

因此，在绘制分镜头脚本的时候，两个镜头之间什么都没有绘制，则表示两个镜头之间是硬切镜头，如果镜头 A 和镜头 B 之间绘制如图 2-14 所示的过渡符号，则表示两个镜头之间需要通过转场来衔接。

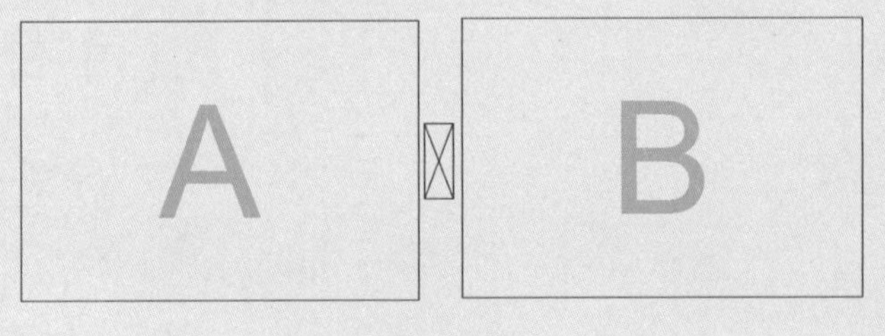

图2-14

具体的转场使用方法以及效果会在本书后续章节中通过案例来详细讲解，在本节中只需要熟悉了解分镜画面中转场符号的含义即可。

2.3 以心脏动画为例理解动画中的视角处理方式

科研领域图像不是为了纯粹的审美而存在的，而是为了信息承载而存在的。科技图像中经常通过各种方式来容纳更多的科研信息，例如，放大镜经常用来增补图像细节信息、切换不同微观层级的视角，当图像转换到动画视频时，放大镜头也可以使用，但是不能像静态图像一样，通过连串的放大镜头来展示信息，更多的信息则需要通过镜头运动来实现。下面以心脏微创手术为例，了解静态图像到动态画面的转换方式，如图 2–15 所示。

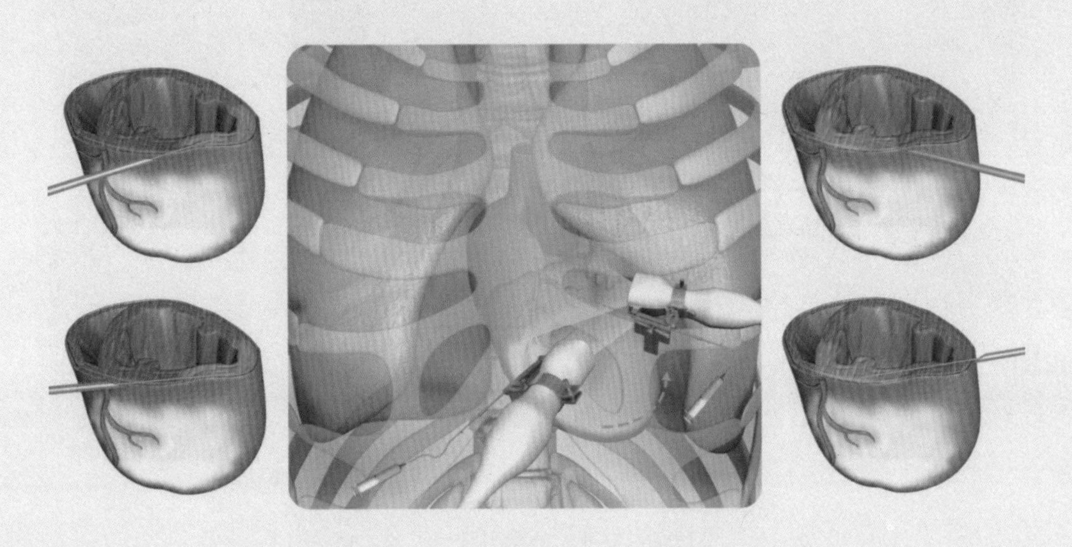

图2–15

1. 背景信息的转换

在图 2–15 的静态图像中并没有出现人体全景的画面，直接定位要讲述的心脏部位，通过 4 个放大图来阐述套针在心脏界面上的修复方式。在使用动画方式讲述时，从镜头 1 切入局部镜头会太过于仓促，让观看视频的观众来不及适应动画的节奏，动画起始镜头需要从完整的人体逐渐变到半透明，镜头缓缓推进，进入人体内部结构，使观者逐渐适应动画的节奏，如图 2–16 所示。

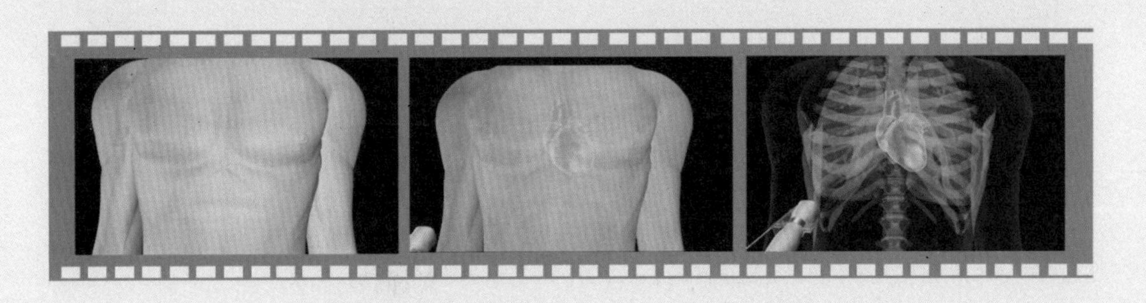

图2–16

为了缩短视频时长，将注射针入画的时间与人体逐渐半透明的时间合并，也就是同时展示，当入射针到达心脏位置时，人体逐渐变为半透明的过程同时完成，而观众的视线会被运动的针牵制，弱化人体渐变的过程，做到既交代了背景又弱化了背景的效果。

2. 针管构造的展现

在该项目中，探头、注射器、注射器套管三者之间各有各的妙用，在静态画面中只能通过一个主视角和 4 个特写视角的组合来说明该结构的设计。在动画中可以利用镜头运动，更好地观察结构特征，如图 2–17 所示。

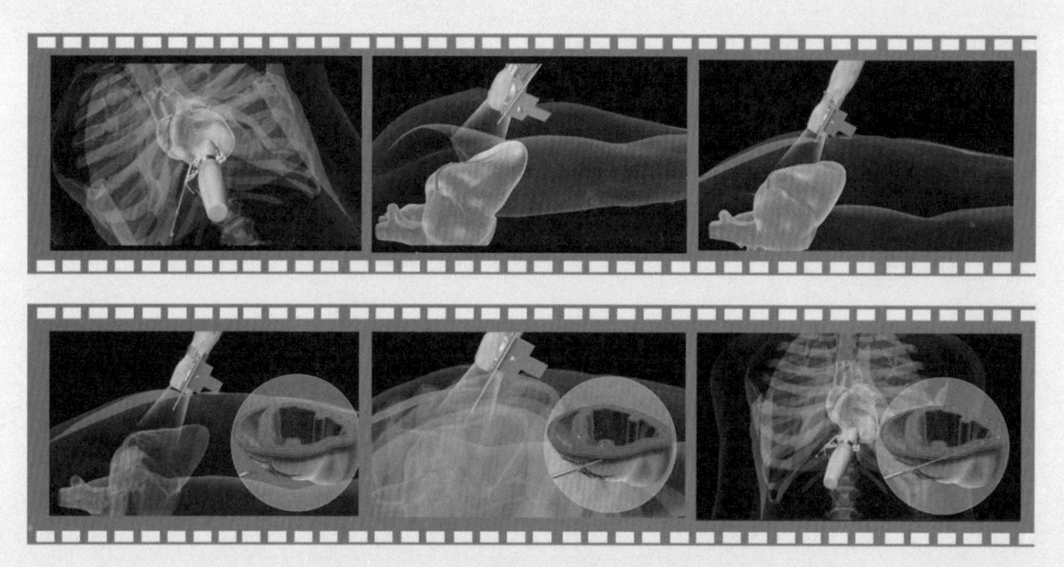

图2–17

将镜头推进且转入侧视图，从侧视图中可以清楚地看到注射器与注射器套管进入人体的先后顺序，以及探头分别到达的位置。观察完探头特性之后，再通过镜头运动回到人体正面位置。

3. 体现应用环节

通过前面的镜头展示结构特征后，将镜头停在与图像相同的正面角度，再通过画中画的探头运动小镜头与身体外部针管的更替形成呼应，让观众在观察注射器更替的同时，看到心脏内部药物挤出的相对关系，如图 2–18 所示。

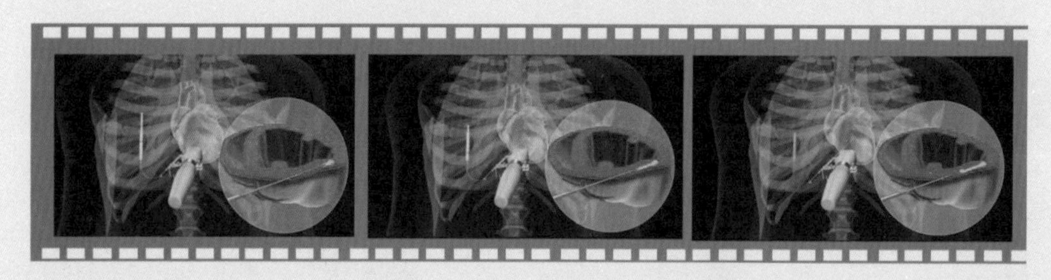

图2–18

针对心脏另一侧的治疗，则需要在镜头中清楚地交代探头的退出方式。从另一侧进入，让观众清晰地了解逻辑关系，如图 2–19 所示。

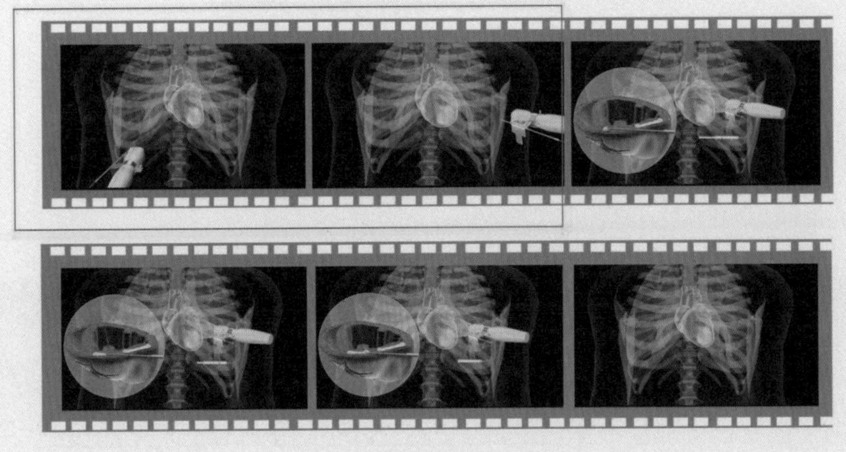

图2-19

替换探头之后镜头角度再次稳定，详细交代注射器从另一侧注入心脏的过程，完成后退出，回到初始的人体镜头，同时心脏保持跳动状态，以示该方式的应用条件是针对心脏正在跳动的正常人体。

将全部镜头连起来看，可以看到由镜头来讲述科研原理需要经过以下环节。

入场交代背景→多角度展示结构特征→陈述应用方式及效果→镜头内段落切换→再次陈述应用方式及效果→结束退场镜头

经过这一系列镜头，可以将原本重叠在一张图中的信息拆分成线性陈述过程，在陈述过程中目标明确地牵制观众的注意力，如图 2-20 所示。

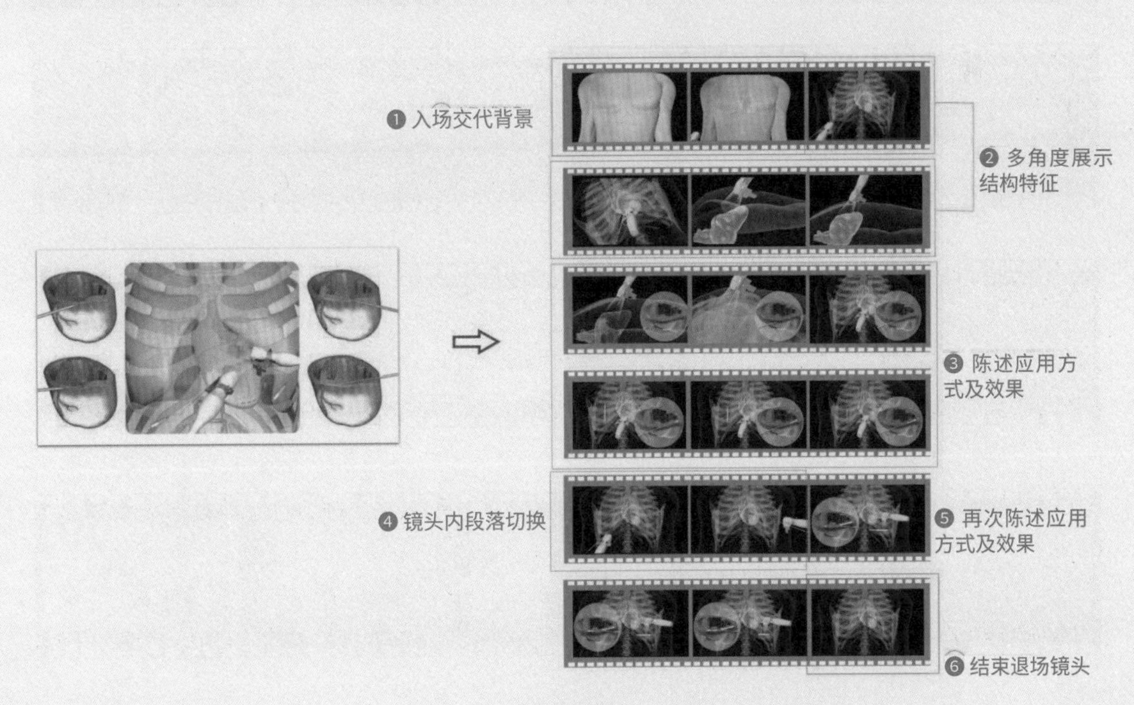

图2-20

2.4 素材动画的常见镜头类型

原理动画是在三维软件中构建生成的动画视频，无论是观察对象，还是镜头所在位置和镜头的运动方式都是可以控制、可以设计的。在科研动画中还有一种常见的情况，即素材综合型动画，需要将科研过程中拍到的实证素材或者视频剪辑出来，这些素材很难受到镜头的约束，拍摄的时候拍摄者可能并未考虑后面的展示方式，只是常规的记录，使用的时候可能无法再现当时的情景，如图 2-21 所示的素材动画中涉及了多种来源的素材。

图2-21

为了更好地讲述素材的使用方式，在图中将同一类型素材制作而成的镜头标记为同样的字母。

A: 静态照片经由后期合成软件处理而获得的镜头

视频中的 A 类镜头是通过合成软件进行调整后的背景画面，再加上文字和特效的辅助，构成静态照片在画面中的运动或者变化。此类镜头经常是科研动画中的术语载体，将来自设备的影像、实验的照片和数据等专业图像搭配一定的背景处理，增加动态文字、动态数据等，让原本静止的科学信息变成与镜头画面相匹配的动画镜头。

B: 来自参考资料的影像和数据视频镜头

B 类镜头是来自参考资料或者来自视频设备拍摄的，原本具有一定动态的镜头画面，此类镜头画面是最方便且最容易处理的素材，只需要将素材中需要的部分或需要的局部画面准确地剪辑出来，与其他视频画面衔接起来即可。此类镜头通常为摄像机拍摄的，也可能会来自某些网站的视频（网络视频的引用需要注意版权问题）。

C: 用静态照片稍加运动“伪装”而成的镜头

C 类镜头与 A 类镜头的区别是，C 类镜头可以将其当作运动的镜头来看待，而不是在观看静态图像资料，C 类镜头经常会是与自然场景、社会情景、工作环境相关的全景画面，因为某些原因没有办法获得有运动画面的镜头时，可以用照片来进行“伪装”。在后期合成软件中为照片素材增加画面中的运动效果，让观察视角产生运动感，从而减弱静态画面的枯燥感，让动画视频的时间感更流畅。

D: 三维软件模拟制作的镜头

D 类镜头是科研动画中重要的原理演示部分，D 类镜头无论制作内容的复杂度如何，它所呈现的内容往往是核心的原理诠释部分，是科研动画中最重要的部分。

这几类镜头的制作方式在后续章节中会详细展示说明。

素材综合性动画由于来源无法预设，在修正过程中替换素材则会改变镜头，很难通过分镜头脚本进行规划设计，但是可以通过解说词来划分段落环节。素材综合性动画一般篇幅略长，如果没有解说词配合，超过 30s 后的段落无论怎样处理镜头看起来都会像电子相册。如果有解说词讲解配合镜头运动，会让镜头中的对象物有所指，声画对位让听觉和视觉同时起作用。

动画生成篇

第3章 重要的动画生成工具——Maya

Maya是Autodesk公司推出的三维动画制作软件，其在科研图像领域将抽象的微观结构模拟展现出来，让原本不可见的结构展示在众人面前，结构特征明显、可读，便于科研信息交流传递。Maya作为一款系统化的三维动画软件，具有建模、渲染、动画等诸多功能，使其优点不仅限于静态结构的展现。在科研动画领域，Maya让微观领域的结构按照科学家预想的方式运动，在动态过程中表现科学原理；Maya的特效模拟模块可以将微观领域的特殊现象呈现出来，让科学原理的呈现既符合推理，又具有可视化的理解性。

3.1 认识 Maya 界面

3.1.1 认识 Maya 基础界面

启动 Maya 软件后，可以看到该软件的主界面，如图 3-1 所示。

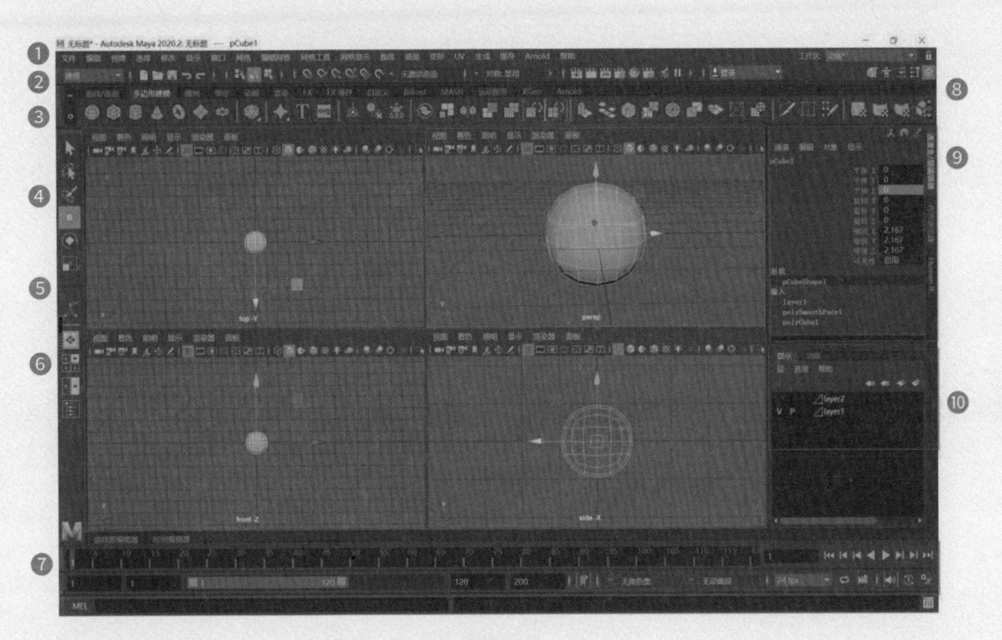

图3-1

1. 菜单栏

菜单栏是 Maya 主要的功能区，与其他软件不同，Maya 菜单栏会随着模块切换而发生变化。其菜单分为两部分，前半部分是固定菜单栏，后半部分是功能模块菜单栏。

软件默认进入“建模”模块，上方对应的是建模相关的菜单。随着功能模块的切换，如切换到“动画”模块，固定菜单栏部分不会发生变化，而功能模块区域的菜单会切换为与动画相关的菜单，如图 3-2 所示。

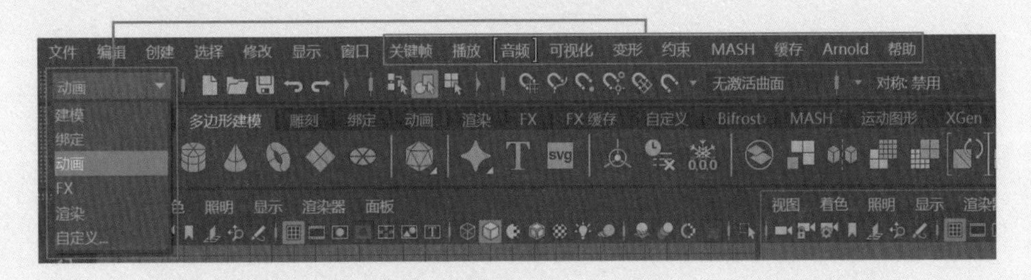

图3-2

2. 快捷图标区

快捷图标区分布着多方面的快捷图标，例如，与文件存储、打开相关的快捷图标；与选择方式相关的切换图标，可以快速从点选择切换到对象选择；吸附方式切换图标可以在模型调整过程中，设置吸附到网格还是吸附到点；与渲染相关的快捷图标在工作中使用最频繁，如图 3-3 所示。

图3-3

3. 工具架

“工具架”将各个模块中常用的功能命令以形象的图标形式陈列，便于快速选用，如图 3-4 所示。工具架上用选项卡将各种功能模块分别存放，例如，在“多边形建模”选项卡中放置的是多边形建模的基础创建工具和常用的修改工具等，工具架不受功能模块切换的影响，要改变工具架，需要单击对应的选项卡进行切换。

图3-4

4. 工具盒

Maya 需要通过多种工具组合来完成模型的创建与修改，在工具盒中放置的是对场景中对象的基础操作工具，如位移、旋转、缩放等。

5. 操作视图

在二维软件中，工作模式采用的是画布式的平面绘制方法。而在三维软件中，空间雕塑式的操作让结构的塑造更贴合现实生活中真实存在的物体，在制作模型时只需要考虑还原真实世界的结构，无须担心透视和视角差异。三维软件操作区是由 3 个正交视图——顶视图、侧视图、前视图，以及一个透视图构成的，在透视图中可以 360° 观察并调整结构，在正交视图中可以确定调整的精确度，如图 3-5 所示。

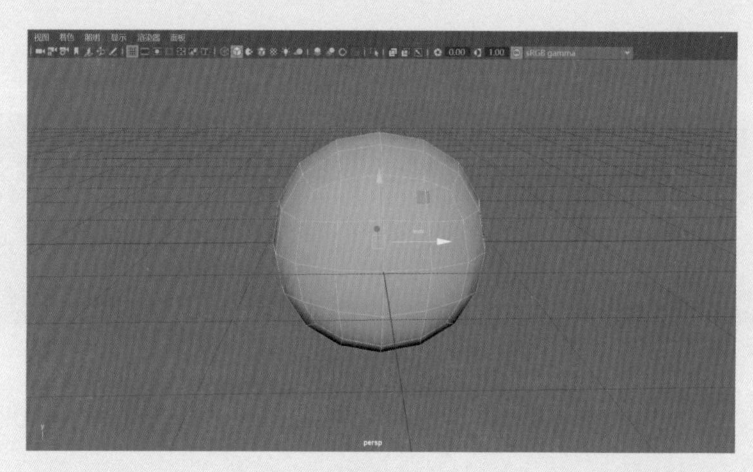

图3-5

6. 视图切换

单击视图切换按钮，可以在单视图和多个视图之间进行快速切换。

7. 动画播放区

动画播放区是制作动画过程中需要重点关注的区域，在动画播放区中，可以看到动画关键帧和游标所在位置，如图 3–6 所示。

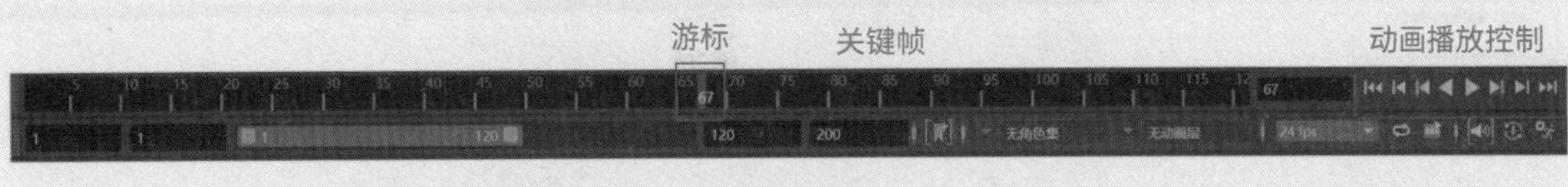

图3–6

8. 通道盒与属性编辑器切换区

通道盒与属性编辑器是在工作中经常用到的参数面板，为了不占据工作区空间，通道盒与属性编辑器在默认状态下是隐藏的，单击通道盒与属性编辑器切换区中的快捷图标开启或者进行切换，如图 3–7 所示。

图3–7

9. 通道盒

选中 Maya 场景中的模型对象，通道盒中会给出该对象的位置、比例等相关参数，可以通过快捷菜单为通道盒中的参数设置动画，进而得到动画效果，如图 3–8 所示。

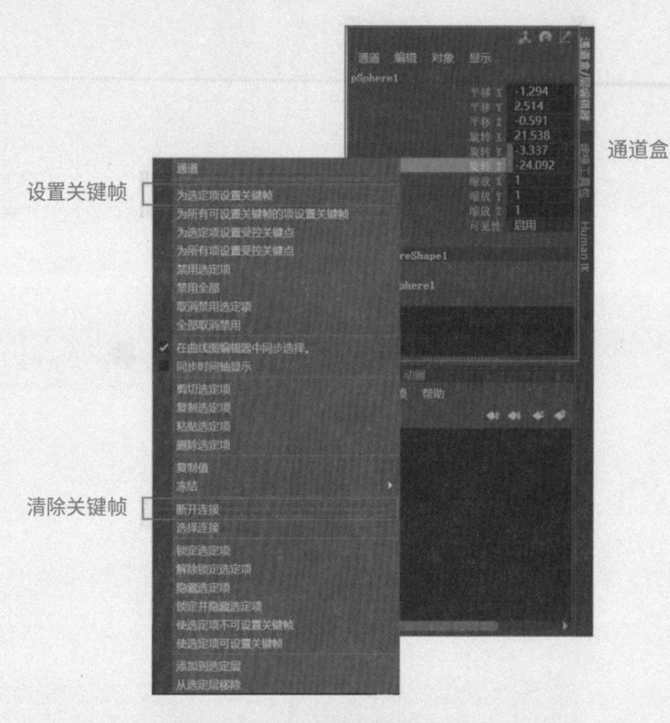

图3-8

10. 图层区

图层管理是图像软件中重要的组成部分，尤其是在动画创作中，将需要增加运动的元素和需要被锁定的元素分层管理，会给工作带来极大的便利，如图 3-9 所示。

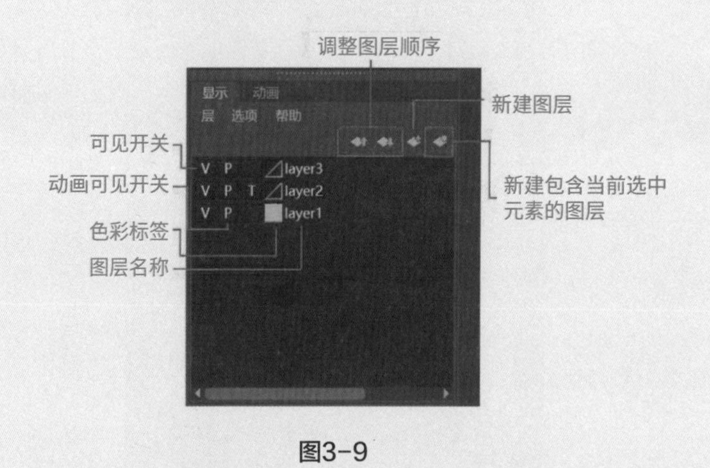

图3-9

3.1.2 理解三维模型常见概念

Maya 的建模和制作方法，可以参见《科技绘图 / 科研论文图 / 论文配图设计与创作自学手册：Maya+PSP 篇》一书，在本书中只针对科研领域动画需求所涉及的模型和相关指令进行详细的讲解，不再逐一讲述 Maya 的其他功能。在进入动画之前先简单了解几项学习 Maya 必备的基础概念。

1. 模型的基础创建

三维模型是在空间中雕塑式的构建结构，因此，三维模型创建的方式是以系统预设的立体模型基本单元为基础进行的结构变化或者结构组合，如图 3-10 所示。在 Maya 的工具架和“创建”菜单中有多边形、曲面两种基础建模方式，用来创建基础球形、立方体、圆柱等。

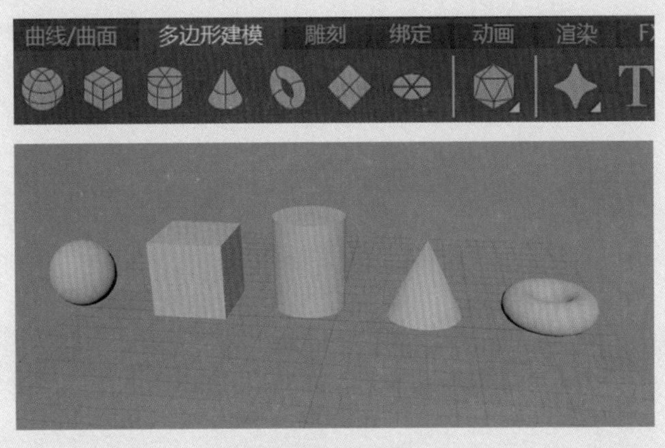

图 3-10

2. 模型的点、线、面与模型的变化

Maya 中的模型均可以通过点（顶点）、线（细分线段）、面（网格面）来进行编辑，通过改变形状结构，最终变成需要的目标结构状态，如图 3-11 所示。在构建模型时选择适当的调整方式，配合软件中对应的编辑工具进行调整，可以获得各种想要的形态，甚至是动态的变形过程。

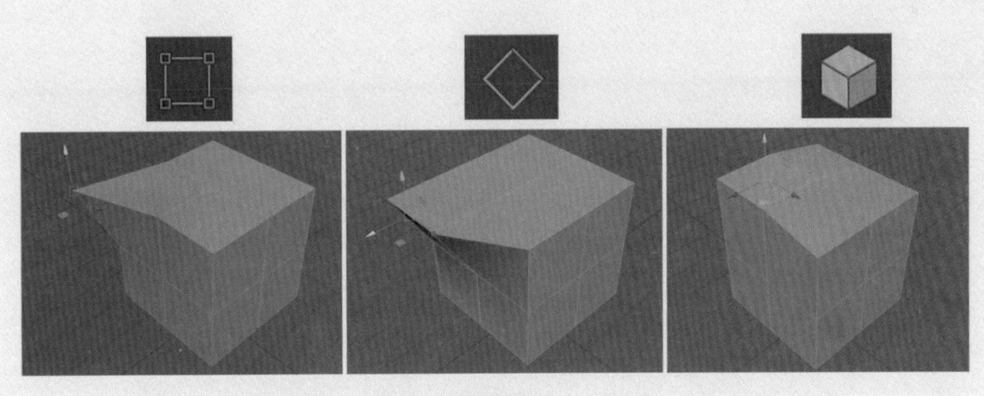

图3-11

3. 模型面段数的概念

Maya 中的模型大多数是由多边形面构建而成的，对于多边形面而言，面数越多结构越平滑，但是模型的面是会为场景增加“成本”的。如图 3-12 所示，如果单独一个小球的结构面片数是 400 或 96，它们之间的差距是 304，当场景中有大量小球堆积时，场景面片数的差距巨大。在动画项目和静态图渲染中，模型面片数量会影响图像渲染的输出效率。工作中需要通过各种方式来解决结构平滑的问题，不要单纯地通过增加模型片段数来增加模型的光滑度。

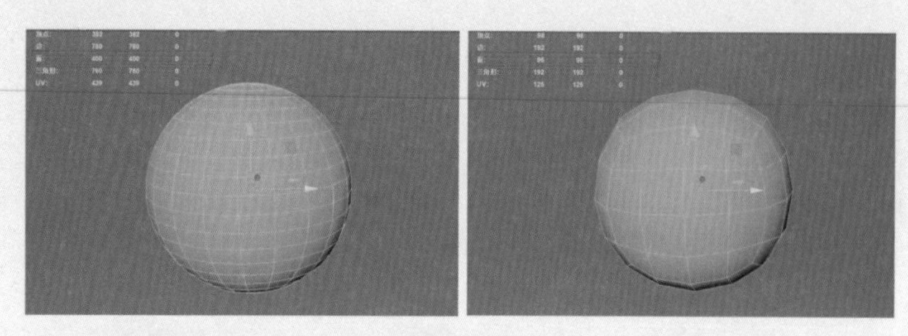

图3-12

4. 实时预览与渲染的概念

Maya 创建的结构在场景中是可以进行预览的，此时的模型有颜色的区别，但没有质感的区别。要将三维的效果更好地呈现出来，需要为模型赋予材质，为场景增加灯光，再对场景进行渲染，这样才能得到具有质感的三维效果，如图 3-13 所示。

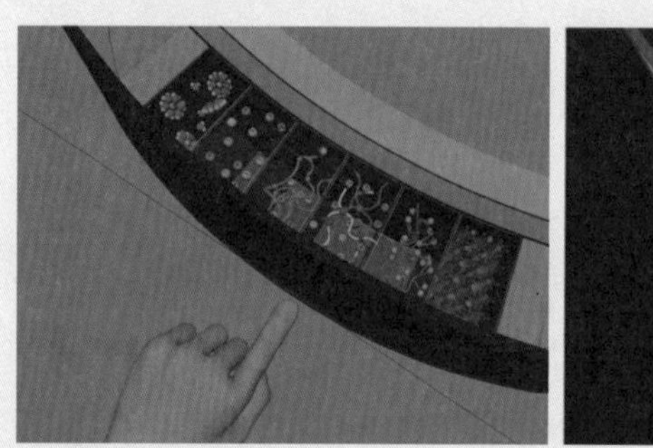

预览效果

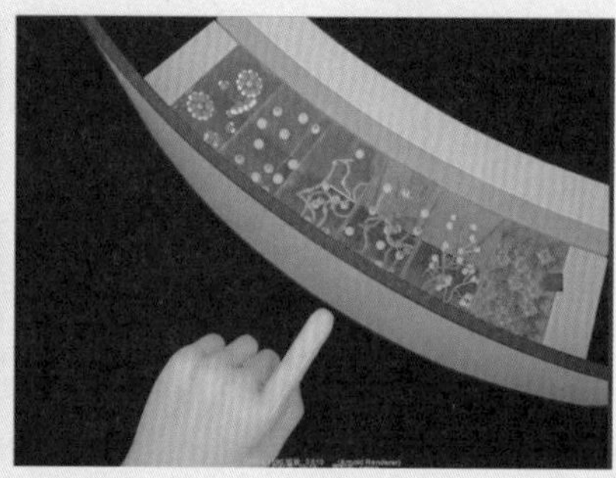

渲染效果

图3-13

5. 关键帧与曲线编辑器

关键帧是 Maya 制作动画的基础，在结构运动的位置点上设置关键帧，将随着时间推进的参数记录下来，系统则会根据两次关键帧之间的插值，自动计算中间帧所在的位置和数值，如图 3-14 所示。

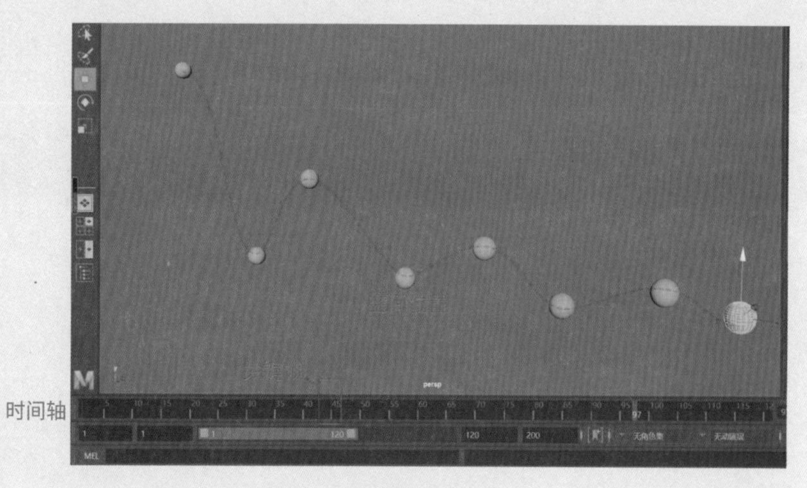

图3-14

执行“窗口”|“动画编辑器”|“曲线图编辑器”命令，弹出“曲线图编辑器”面板，如图 3-15 所示。调整其中的线段平滑度，可以让场景中结构对象的运动更具有节奏感。

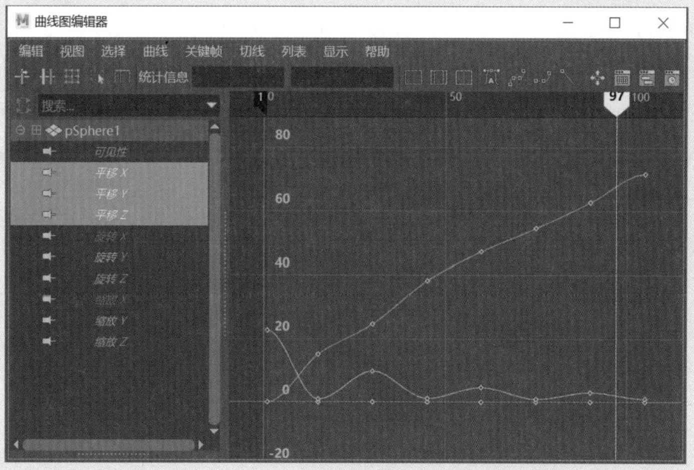

图3-15

3.2 以 H_2O 合成动画为例理解 Maya 关键帧动画

关键帧是 Maya 制作动画的基础，本节以一个简单的原子合成动画为例，进一步讲解关键帧动画的设计及制作方法。

3.2.1 创建简单分子结构

步骤1： 进入Maya，执行“创建”|“多边形基本体”|“立方体”命令，创建立方体，选中该立方体并复制两个，缩小复制之后的立方体，将两个小立方体放在大立方体两侧，如图3-16所示。

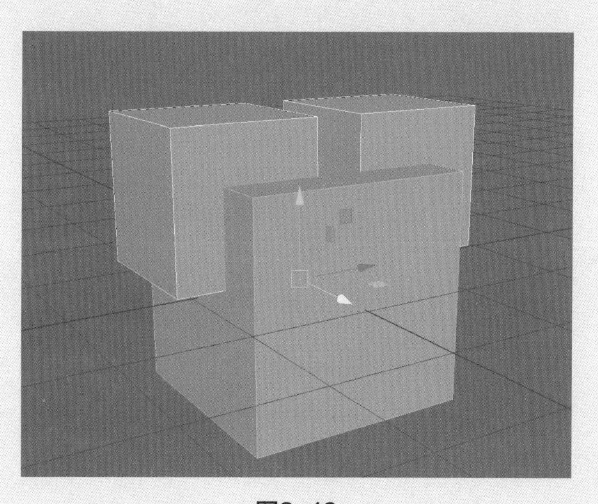

图3-16

步骤2：选中3个立方体，按下数字键盘上的3键，以平滑方式显示模型，如图3-17所示。

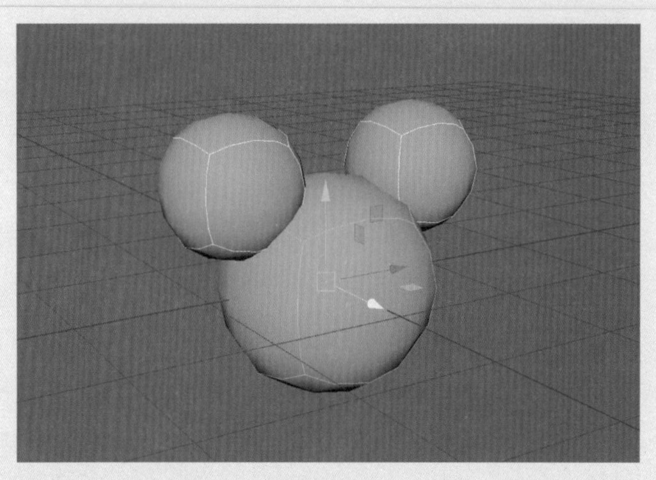

图3-17

步骤3：在选中的立方体上右击，在弹出的快捷菜单中选择“指定新材质”选项，如图3-18所示。

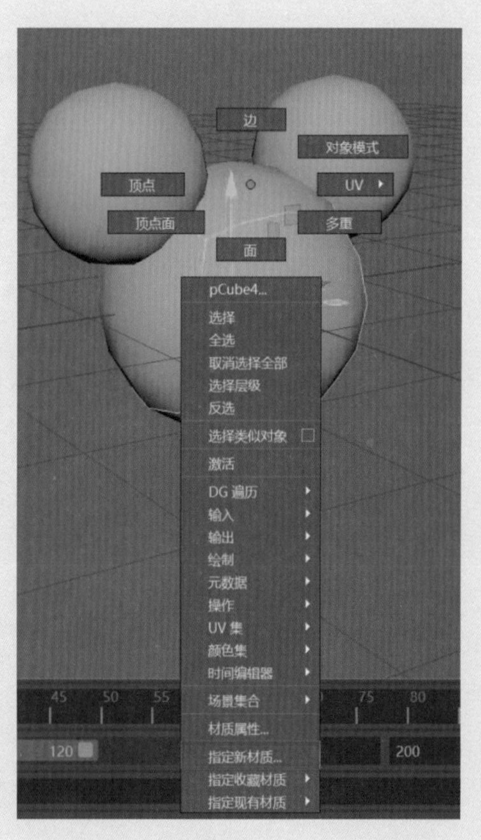

图3-18

步骤4：在“指定新材质”对话框中，选择Arnold|aiStandardSurface选项，在材质的属性编辑器中设置色彩及高光等参数，如图3-19所示。

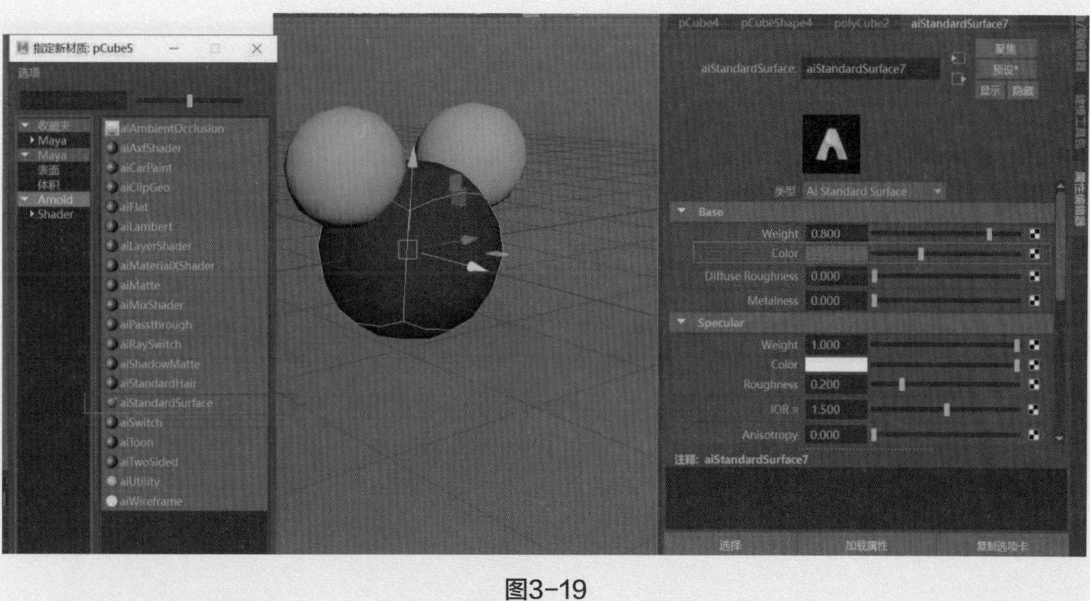

图3-19

步骤5：采用同样的方法为两个小球指定材质，执行Arnold | Lights | Skydome Light命令，为场景添加环境球，并设置全局灯光照明，如图3-20所示。

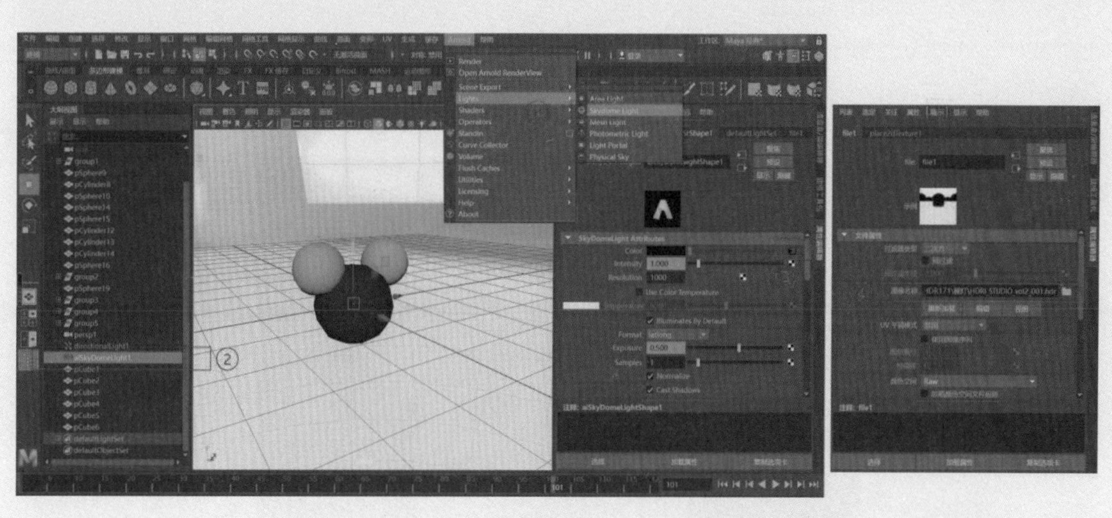

图3-20

步骤6：单击“渲染”按钮，渲染当前场景，效果如图3-21所示。

图3-21

步骤7：用立方体平滑显示得到的球体，在渲染后则显得不够平滑，再次回到场景中，选中球体，展开球体对应的属性编辑器，找到Arnold展卷栏，将Subdivision子展卷栏中的Type调整为catclark，对应的Iterations值设置为3，如图3-22所示。

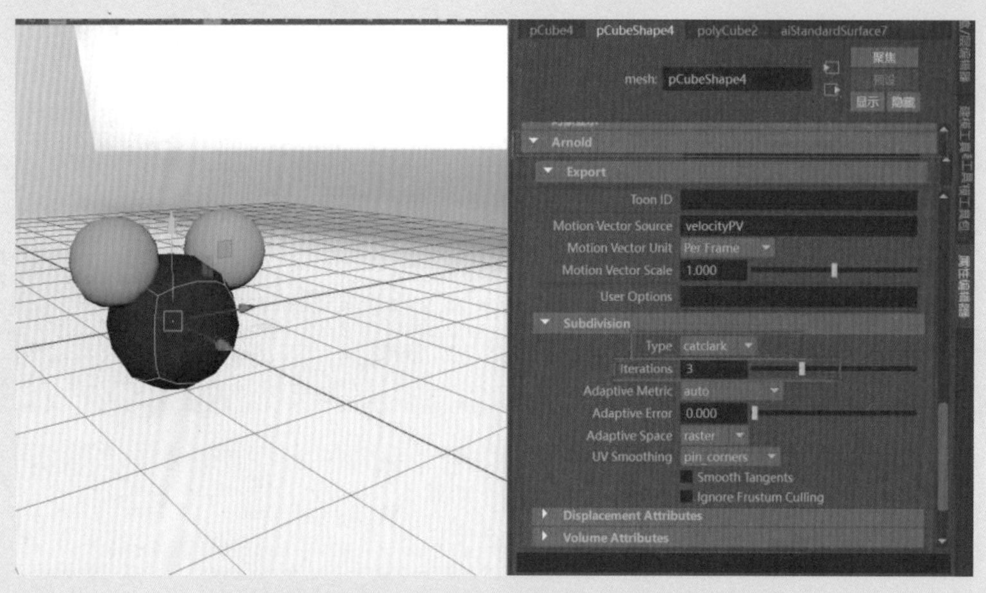

图3-22

步骤8：再次渲染画面，效果如图3-23所示。

图3-23

可以看到设置了渲染细分之后的模型，其本身并没有增加分段数，在渲染之后却以平滑的形式出现。在动画中模型众多且有复杂的动态，尽可能在每个细节中为系统争取运算空间、节省资源。对其他两个小球采用同样的设置，完成动画的基本单元结构配置。

3.2.2 对多个对象编组并设置关键帧

接下来用关键帧来为模型设置动画效果。

步骤1：在场景中选择3个球体，执行“编辑”|“分组”命令，将3个球体编成一个组，如图3-24所示。

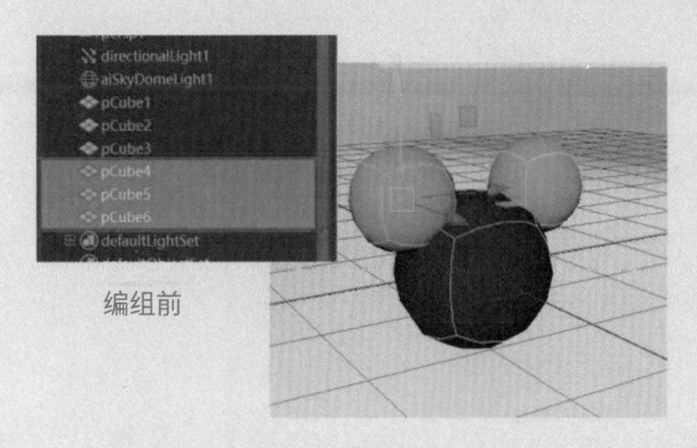

编组前

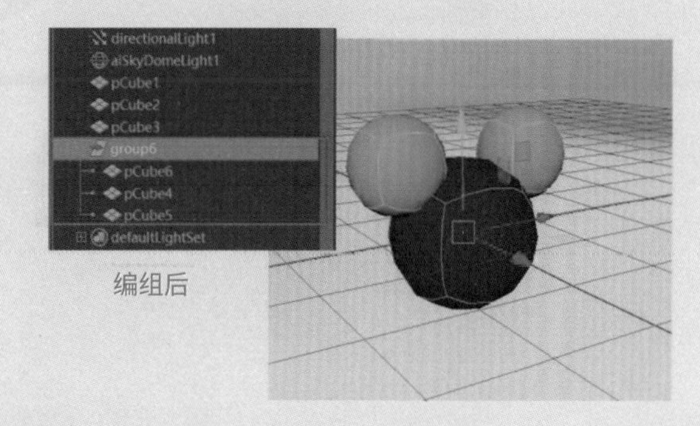

编组后

图3-24

> 提示
>
> **对于动画而言，编组不仅是元素归集合并，也是动态设计的一个重要手段。**

步骤2：复制多组元素，使用“位移工具”和“旋转工具”调整复制结构在空间中的分布，如图3-25所示。

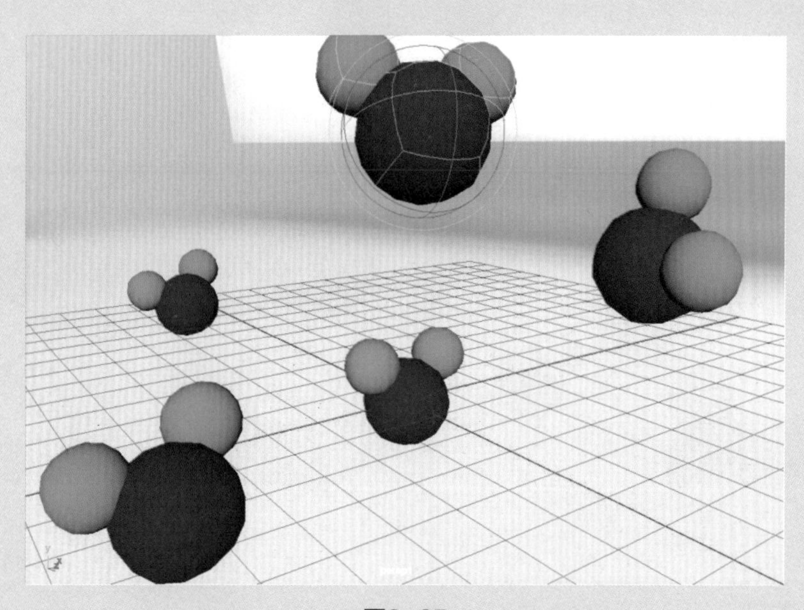

图3-25

步骤3：在透视视图的菜单中，进入“视图”|“摄像机设置”子菜单中，分别选中“分辨率门”“安全动作”“安全标题”选项，可以看到摄像机最终渲染的画面，这有助于基于摄像机镜头进行构图调整，如图3-26所示。

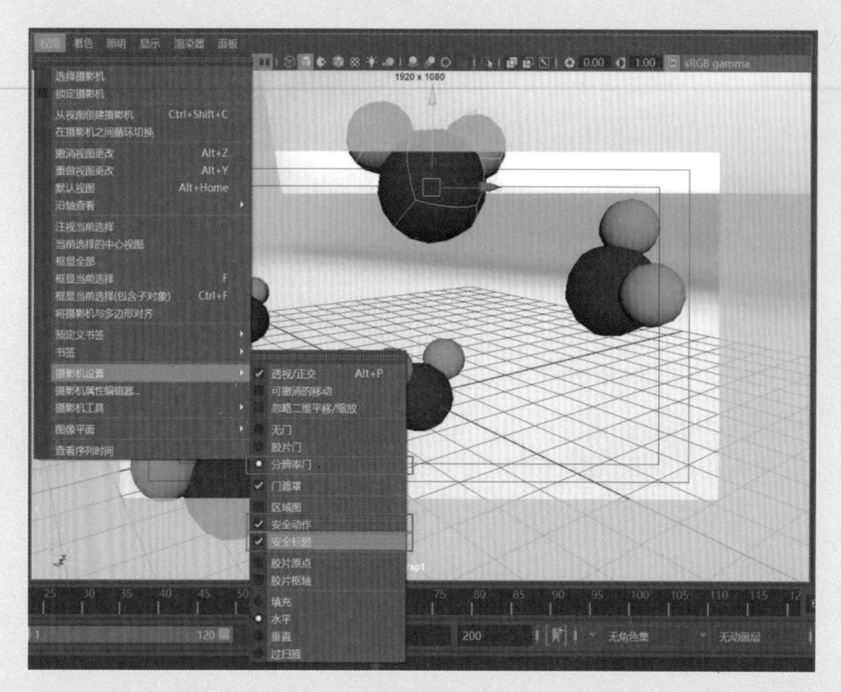

图3-26

步骤4：调整好画面中H_2O元素的位置后，将动画播放区的游标放置在120帧的位置，如图3-27所示，再选中场景中的结构组，按S键为结构设置关键帧。

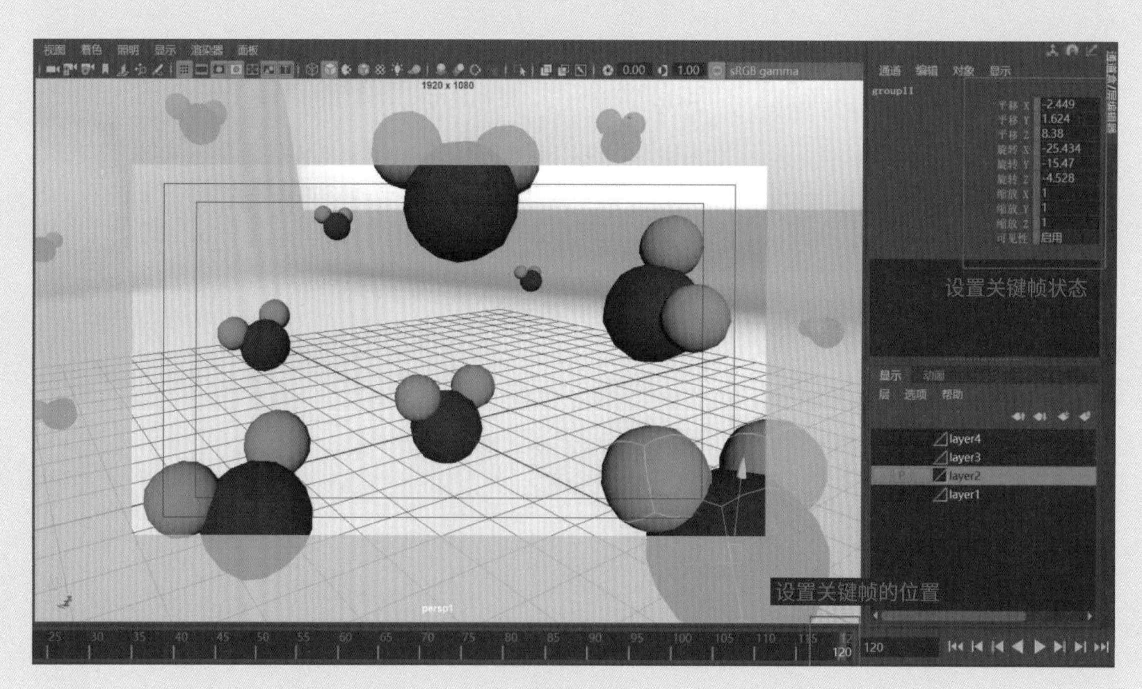

图3-27

步骤5：将动画播放区的游标调整到85帧的位置，使用"位移工具"移动当前选定的H_2O元素的位置，按S键设置关键帧，如图3-28所示。

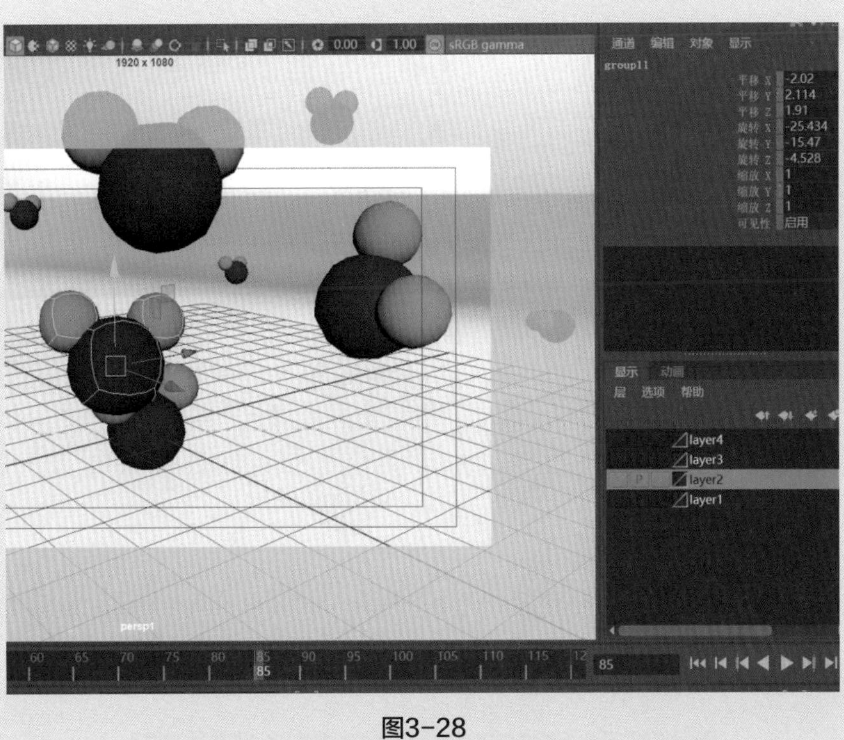

图3-28

步骤6：这里希望在85帧的位置是氧元素和氢元素合成为水分子的位置，从这个位置向前氧元素和氢元素要分道扬镳，在85帧除对H_2O元素组设置关键帧外，分别单击每个元素，为元素本身设置关键帧，如图3-29所示。

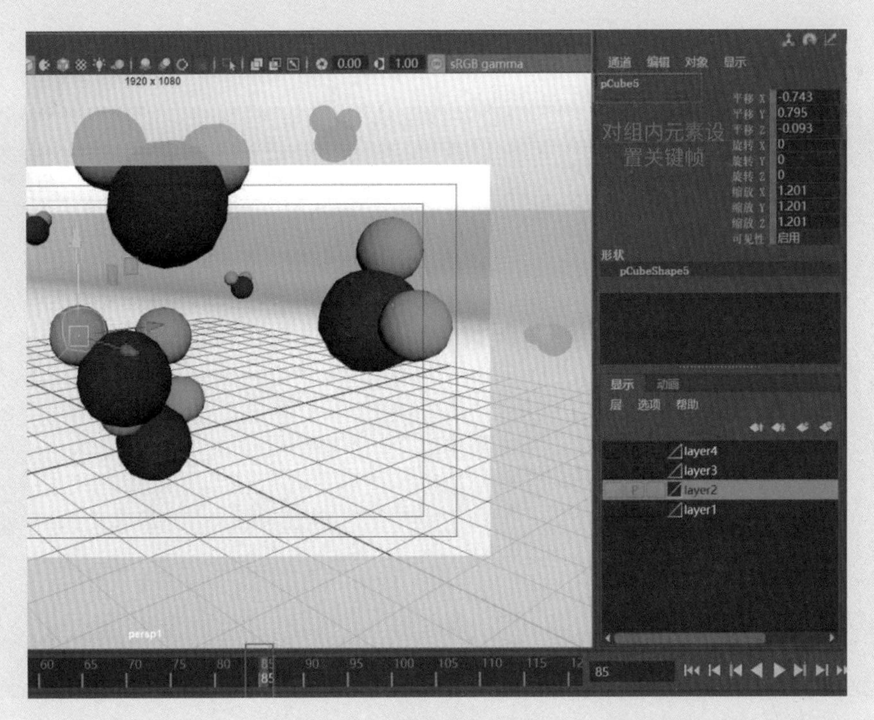

图3-29

步骤7：将游标向前移至55帧的位置，使用“位移工具”选中氢元素模型并移动位置，再按S键为移动之后的元素设置关键帧，如图3-30所示，采用相同的方法对3个元素分别设置关键帧。

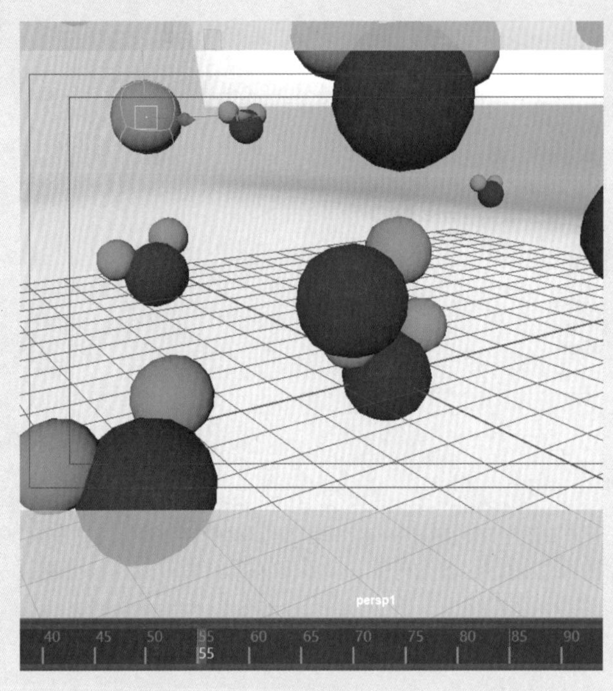

图3-30

步骤8：将游标向前移至25帧，将3个元素分别向多个方向散开，也就是向镜头外移动，并设置关键帧。

步骤9：对场景中其他的H_2O元素组重复以上的操作，渲染视图，效果如图3-31所示。

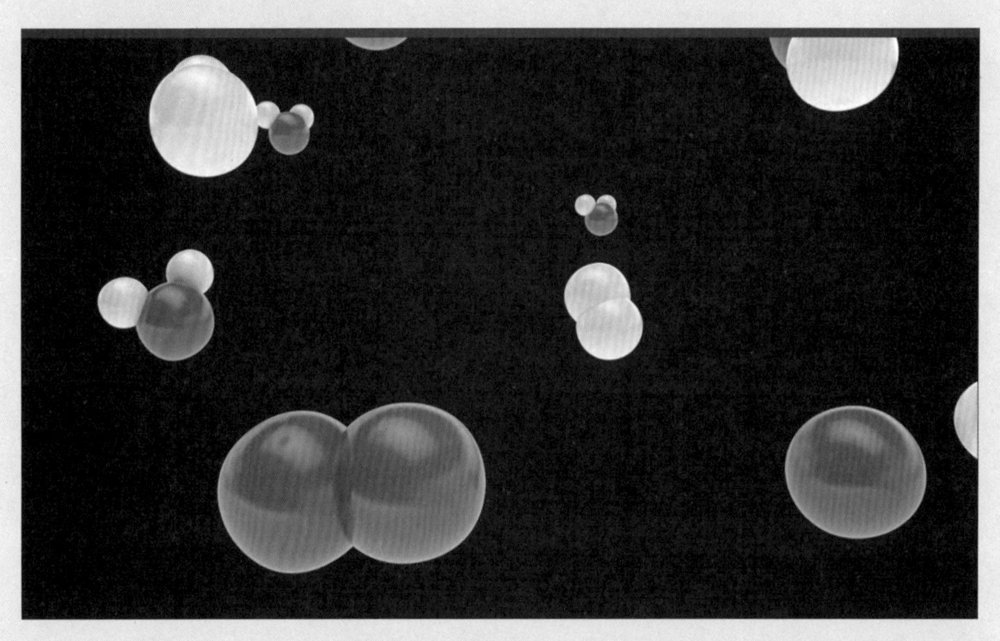

图3-31

3.2.3 用曲线图编辑器优化动画节奏

步骤1：单击动画播放区的“播放”按钮，查看当前的动画效果，可以看到当前画面中的运动已经大概完成，但是动画效果似乎有点混乱。执行“窗口”|“动画编辑器”|“曲线图编辑器”命令，弹出“曲线图编辑器”面板，如图3-32所示。

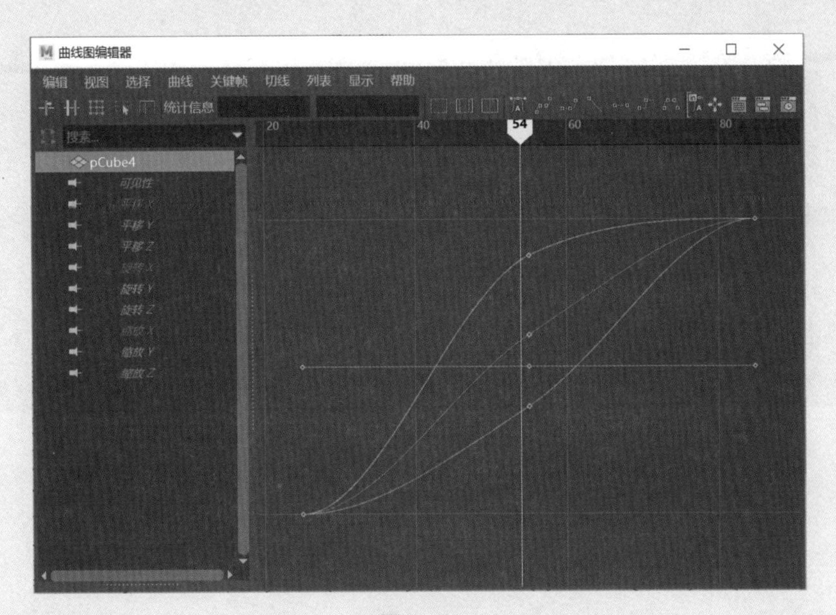

图3-32

步骤2：选中左侧列表中的“平移X”选项，面板中只显示平移X轴对应的红色曲线，调整锚点两侧的控制柄，让曲线更平滑，如图3-33所示。

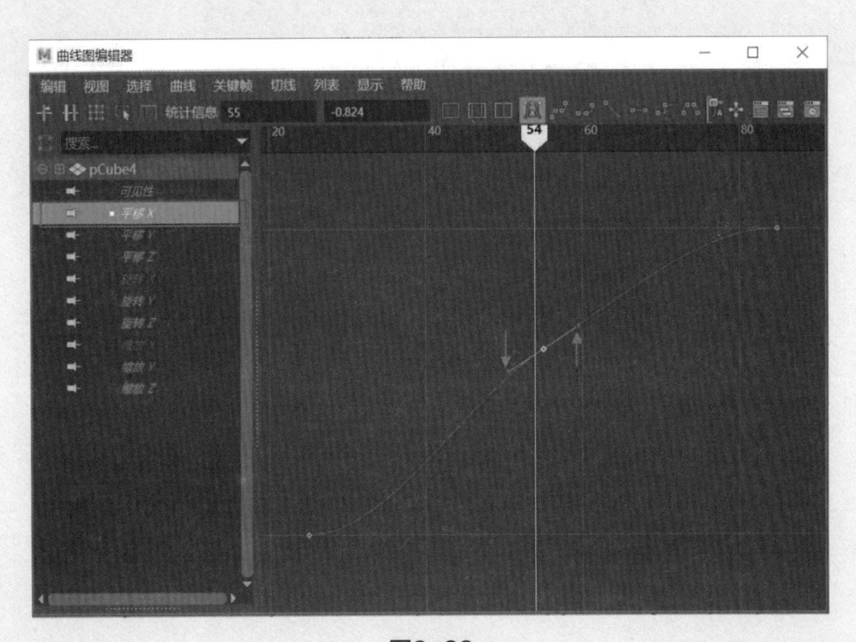

图3-33

3.2.4 序列动画渲染

步骤1：在模块切换区将模块切换到“渲染”区，执行“渲染”|“渲染设置”命令，调出“渲染设置”面板，如图3-34所示。

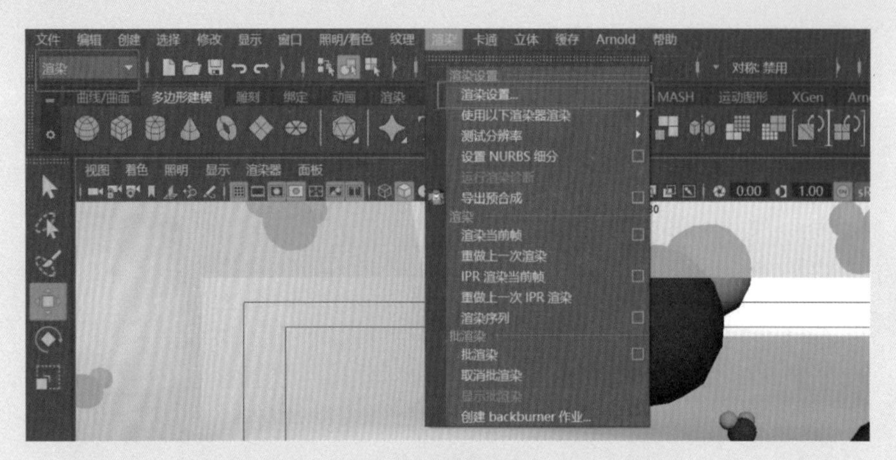

图3-34

步骤2：在“渲染设置”面板中，渲染图像扩展名默认为单帧格式，将“帧/动画扩展名”改为“名称.#.扩展名”，开启序列帧渲染。在“开始帧”和“结束帧”文本框中输入要渲染的帧数值，渲染过程中则以此自动增加帧位数，如图3-35所示。

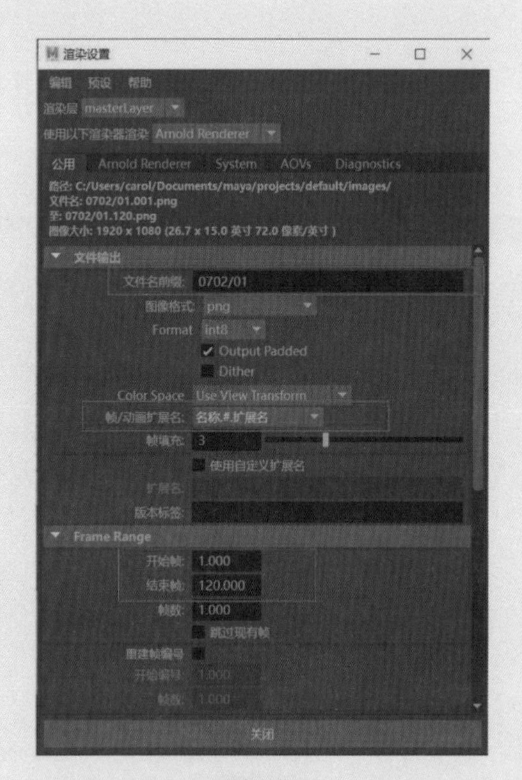

图3-35

步骤3：完成渲染参数设置后，关闭“渲染设置”面板。

步骤4：执行“渲染”|“渲染序列”命令，开始动画渲染。渲染完成后，动画以序列图像的形式保存在指定的目录中。

动画关键帧是三维动画的基础，在Maya中通过设置关键帧的位置，以模型组合的方式可以完成很多常见的科研动画，尤其是结构生成与合成方面的动画。在合成过程中，按照实际发生的过程，从前到后地设置关键帧往往会在最后移动的时候不好把握最终合成的效果，如果最终状态是随机的，可以从前到后设置关键帧；如果最后合成的状态是特定的，那么从后往前“拆解式”地设置关键帧，操作起来会更容易。

3.3 关键帧复合案例：石墨炔合成原理动画

3.3.1 石墨炔单分子合成石墨炔膜

步骤1：启动Maya并打开模型文件，如图3-36所示。

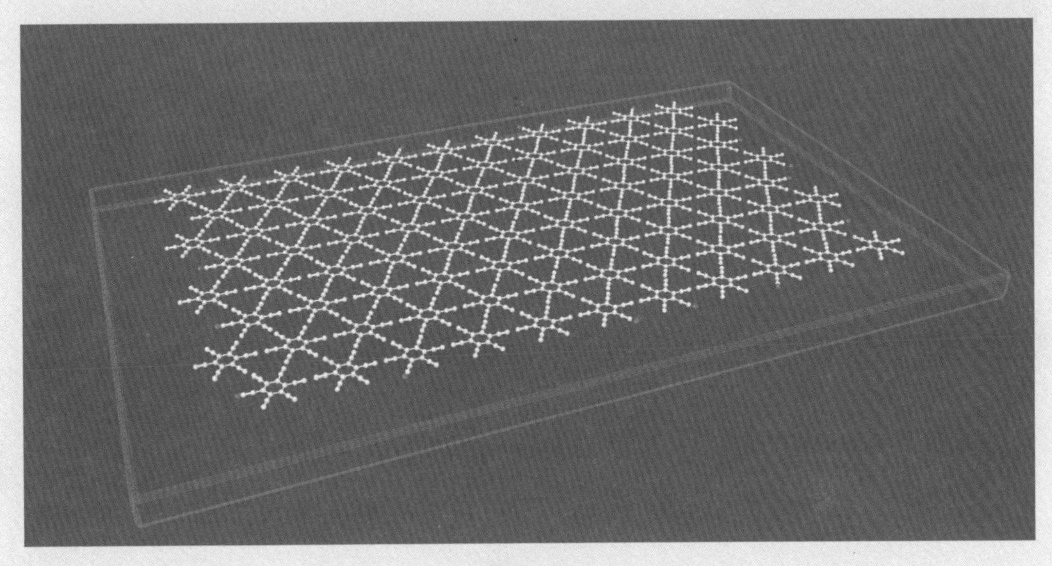

图3-36

步骤2：将时间轴的游标放置在第1帧的位置，将基板上的分子向上移出镜头视野。调整好其位置后，在“通道盒”中选中所有参数并右击，在弹出的快捷菜单中选择“为选定项设置关键帧”选项，如图3-37所示。

步骤3：在动画播放区拖曳游标，将游标放置在第32帧的位置，再移动对象的位置，让对象落在基板上，如图3-38所示。调整好对象位置后，在“通道盒”中选中所有参数并右击，在弹出的快捷菜单中选择“为选定项设置关键帧”选项。

步骤4：单击播放区中的“播放”按钮▶，可以看到对象由上方飘落的动态过程。

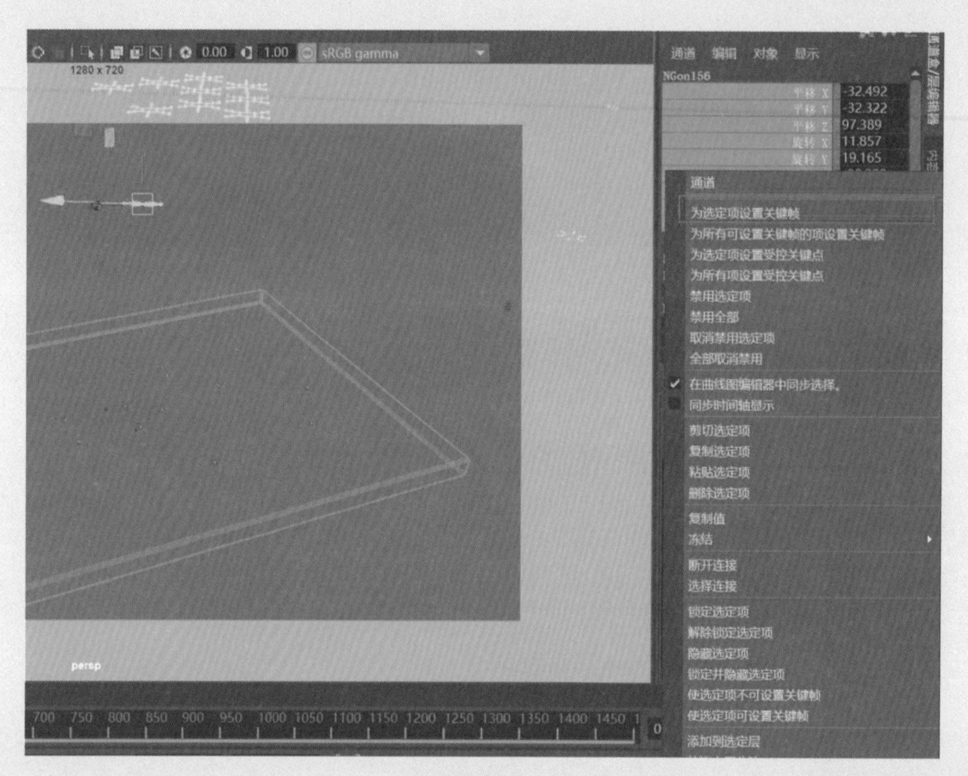

图3-37

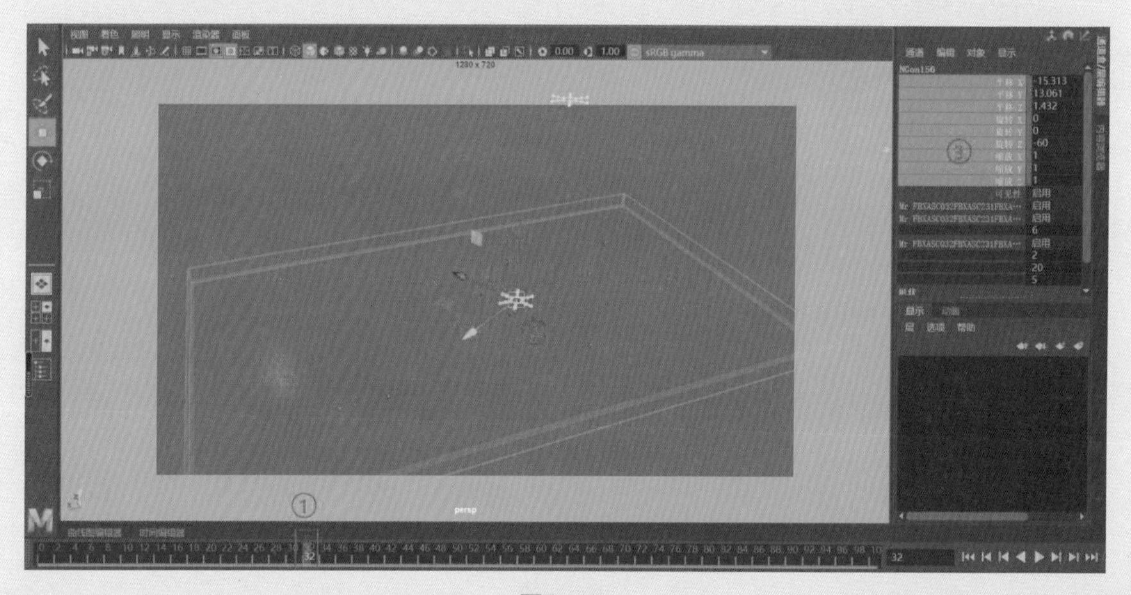

图3-38

步骤5：采用同样的方式为后续结构设置下落的动画，注意每个结构降落的位置与时间点（帧数）不能相同，在设置每个结构下落时，应该不断地向后延续时间帧的位置，如图3-39所示。

图3-39

步骤6：按照科学原理，红色的催化剂会随着小分子的降落移至新的位置，除了为小分子设置关键帧，地板上的红色小球的运动轨迹也需要设置一系列的关键帧，这样才能按照原理中预想的方式进行运动，如图3-40所示。

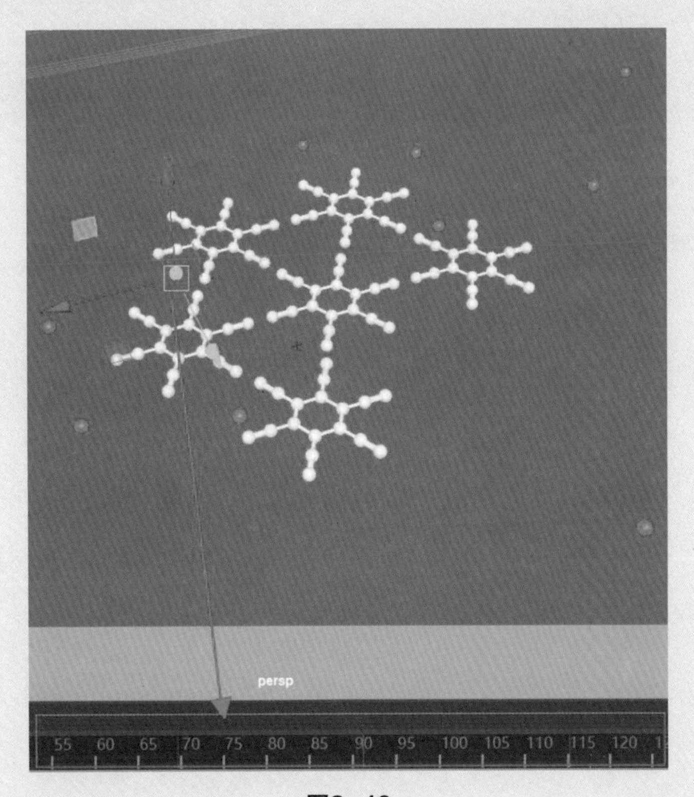

图3-40

3.3.2 设置摄像机动画

步骤1：逐步设置所有对象的动态效果并播放调试，执行“创建”|“摄像机”|“摄像机”命令，创建一台摄像机，如图3-41所示。

图3-41

步骤2：在视窗菜单中，选中“面板”|“透视”子菜单中创建摄像机的名称，进入该摄像机视图，如图3-42所示。

图3-42

步骤3：为摄像机选定镜头角度并设置关键帧，制作摄像机运动的效果，如图3-43所示。

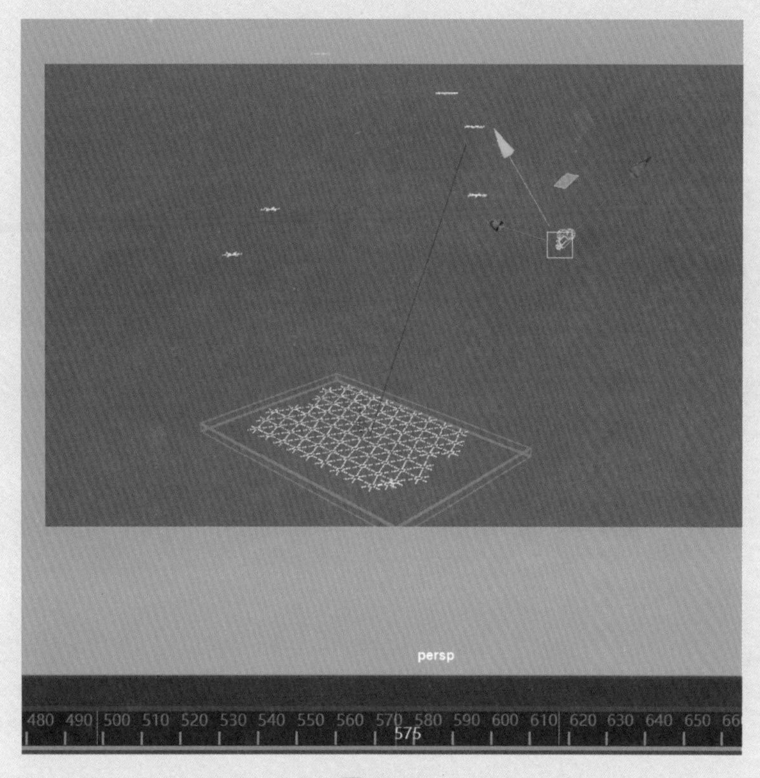

图3-43

步骤4：完成场景中所有的动画设置后，将软件切换到“渲染”模块，执行“渲染”|“渲染设置”命令，调出“渲染设置”面板，按照最终完成所有动画的时间长度设置“结束帧”参数，如图3-44所示。

图3-44

步骤5：执行“渲染”|“渲染序列”命令，开始动画渲染，将渲染后的动画进行合成，获得的动画效果如图3-45所示。

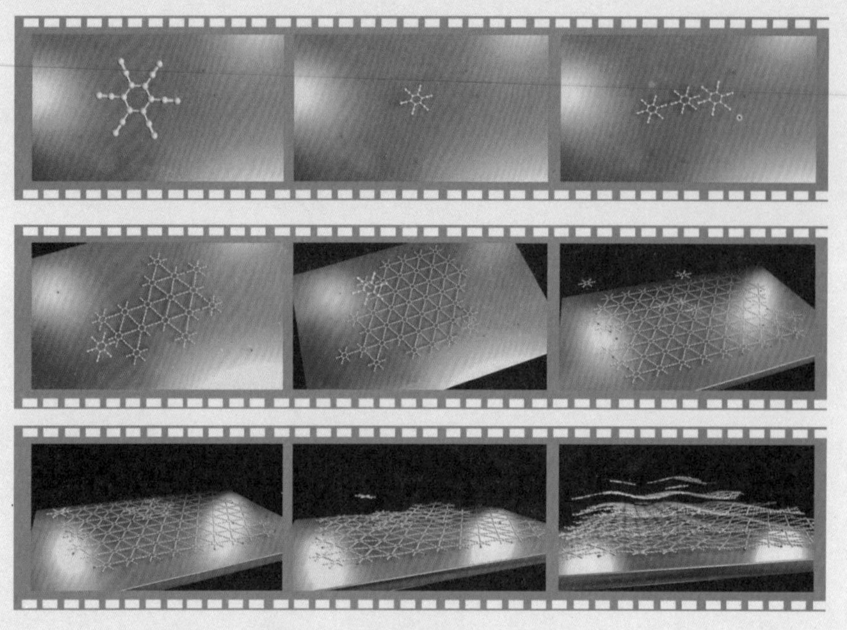

图3-45

3.4 以长直碳管生长动画为例理解路径动画

关键帧动画只要通过巧妙的设计，就能满足科研实验中大多数动态效果的需求，而路径动画在结构运动中能保证运行的准确性，对于一些有特定运行轨迹或者特定生长目标的结构来说，路径动画比设置关键帧更容易控制目标的运动。

3.4.1 绘制曲线路径制作碳管生长过程动画

步骤1：启动Maya并打开模型文件，如图3-46所示。

图3-46

步骤2：将视图切换到前视图，执行“创建”|“曲线工具”|“CV曲线工具”命令，在侧视图绘制曲线，并在绘制完成的曲线上右击，在弹出的快捷菜单中选择“控制顶点”选项，如图3-47所示。将曲线模式转换为控制点模式，使用“位移工具”调整控制点的位置，进一步优化曲线的形态。

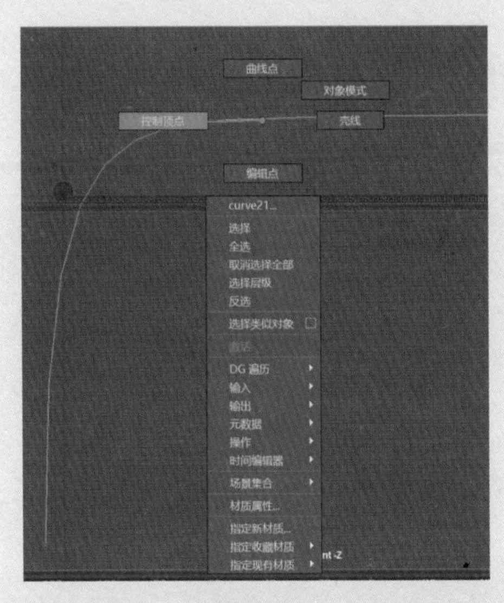

图3-47

提示

碳管生长从原理上来讲是从基底板上生长出来的，动画是视觉的幻觉，如果从基底板之上开始绘制曲线，则大多数碳管会在基底板上面，没有生长空间，碳管需要比实际使用的长1/3，所以曲线需要在基底板以下，且比碳管长度更长。

步骤3：将软件切换到“动画”模块，选中碳管，按住Shift键再选中曲线，执行“约束”|“运动路径”|“连接到运动路径”命令，碳管将沿着指定曲线运动，如图3-48所示。

图3-48

路径动画的选择顺序很重要，先选择目标结构，再选择路径。

步骤4：单击动画播放区中的“播放”按钮▶，播放预览动画，碳管沿着路径前行运动，但是碳管的运动方式不是从基底板上生长的，而是笔直且僵硬地拐弯，如图3-49所示，下面需要让碳管贴合曲线运动。

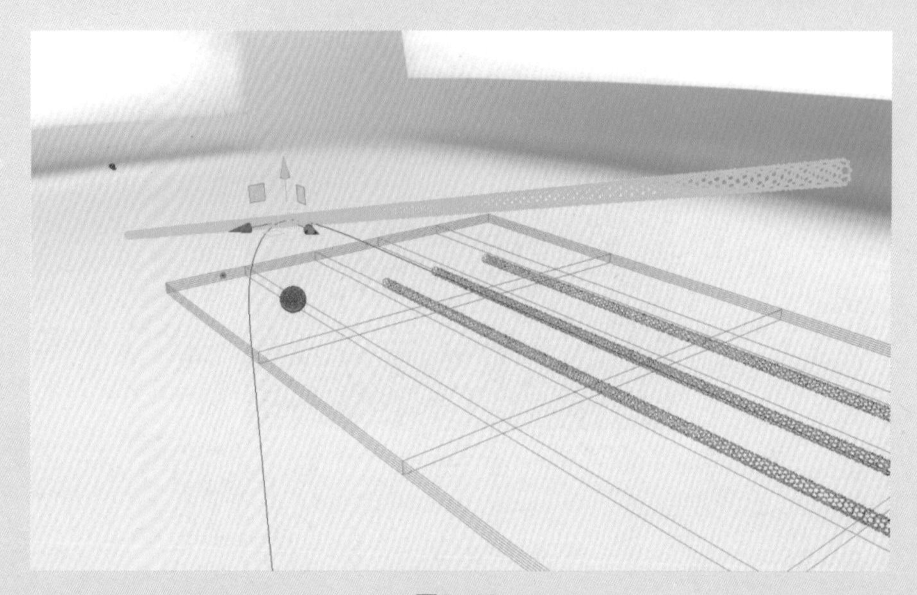

图3-49

步骤5：选中运动对象，执行“约束”|“运动路径”|“流动路径对象”命令，为结构增加变形晶格，如图3-50所示。

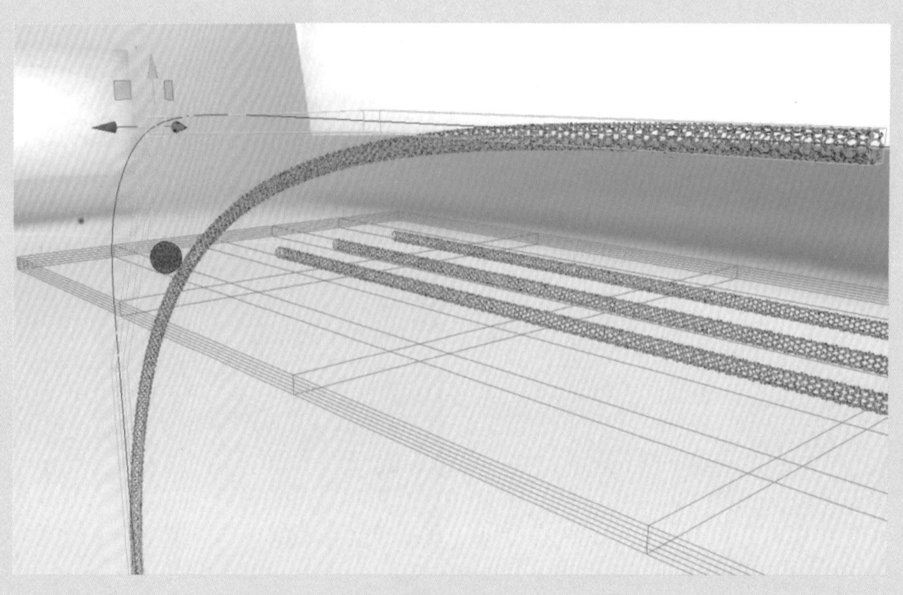

图3-50

步骤6：在路径晶格中增加晶格数量，让碳管结构更加贴合路径，如图3-51所示。

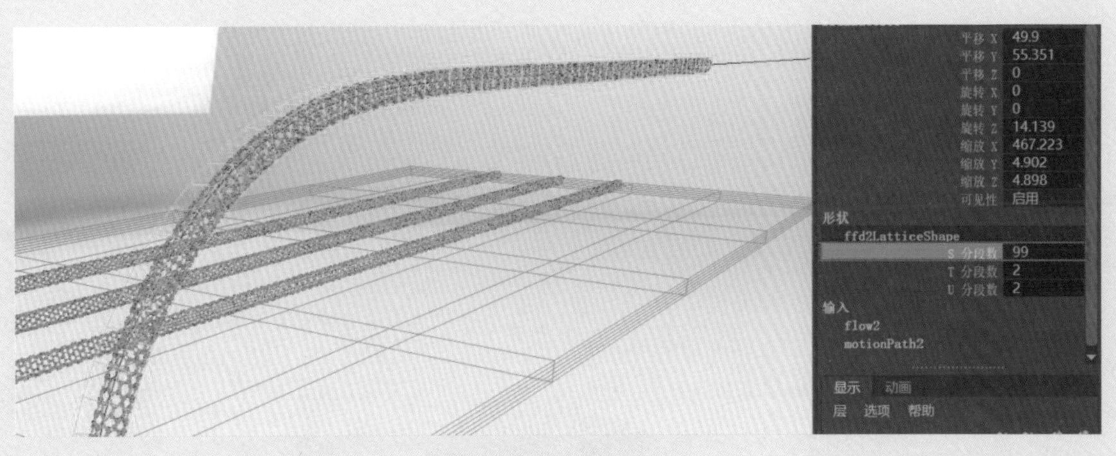

图3-51

步骤7：单击动画播放区中的“播放”按钮▶，播放预览动画，可以看到碳管沿着路径逐渐延伸，从基底板表面来看，就像碳管徐徐生长的样子。

步骤8：渲染当前视图，查看的画面效果，注意，基底板下面的碳管需要通过摄像机视角来隐藏，只渲染基底板上面的部分，如图3-52所示。

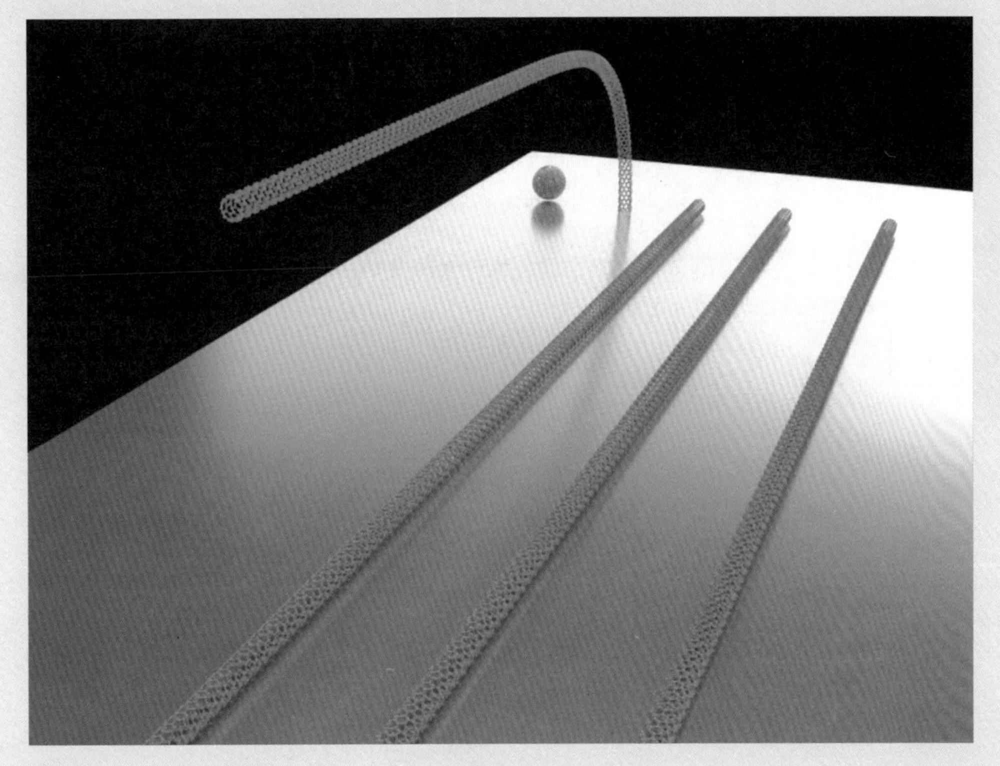

图3-52

碳管是在催化小球的作用下生长的，接下来要为碳管制作顶端催化剂小球的动作。

3.4.2 制作催化剂小球动画

催化剂小球在结构中有以下几点特征。

（1）在催化剂小球的引导下合成长直碳管，因此催化剂小球需要在碳管的顶端。

（2）催化剂小球在开始的时候是在基底板上静态存在的，在催化剂小球的引导下，才有后续的碳管生长过程。

（3）催化剂小球在运动过程中有轻微的自转动作。

步骤1：选中催化剂小球的模型，选择“编辑”|“分组”命令，为小球编组，如图3-53所示。

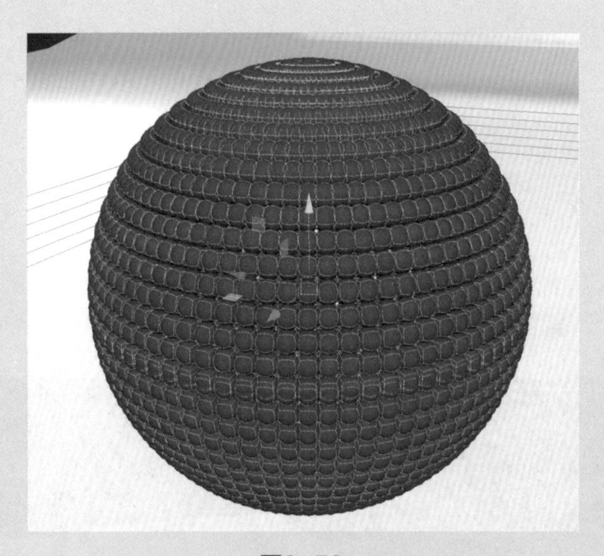

图3-53

步骤2：选中小球组，按住Shift键单击路径曲线，执行“约束”|“运动路径”|“连接到运动路径”命令，为催化剂小球制作路径动画。如图3-54所示。

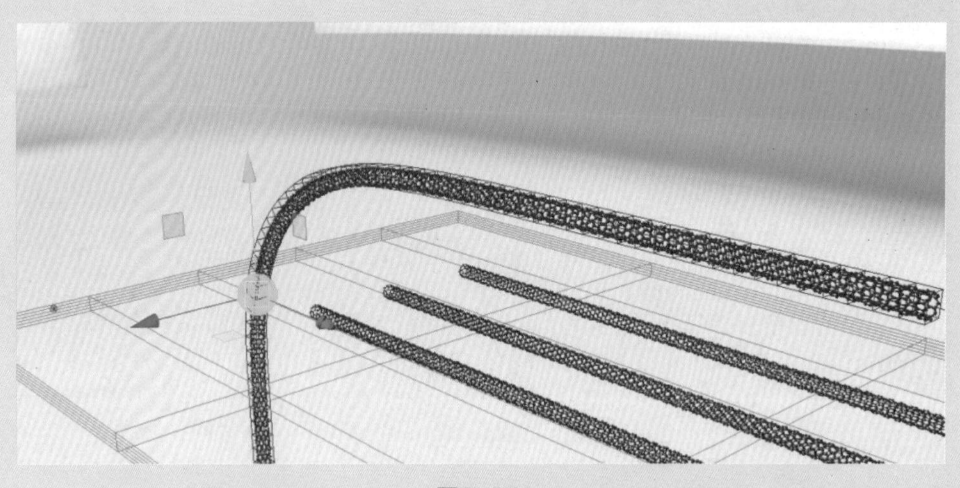

图3-54

步骤3：单击动画播放区中的“播放”按钮▶，播放预览动画，可以看到催化剂小球会出现在碳管中间而不是希望的碳管端口，需要对动画进行调整。

步骤4：执行“窗口”|“动画编辑器”|“曲线图编辑器”命令，调出“曲线编辑器”面板。切换到侧视图，在动画播放区拖曳游标，查看催化小球和碳管之间的相对位置关系。为MotionPath展卷栏的“U值”设置关键帧，在“曲线图编辑器”面板中拖动关键帧上下移动，调整催化剂小球的位置，使其正好处于碳管顶端的位置，如图3-55所示。

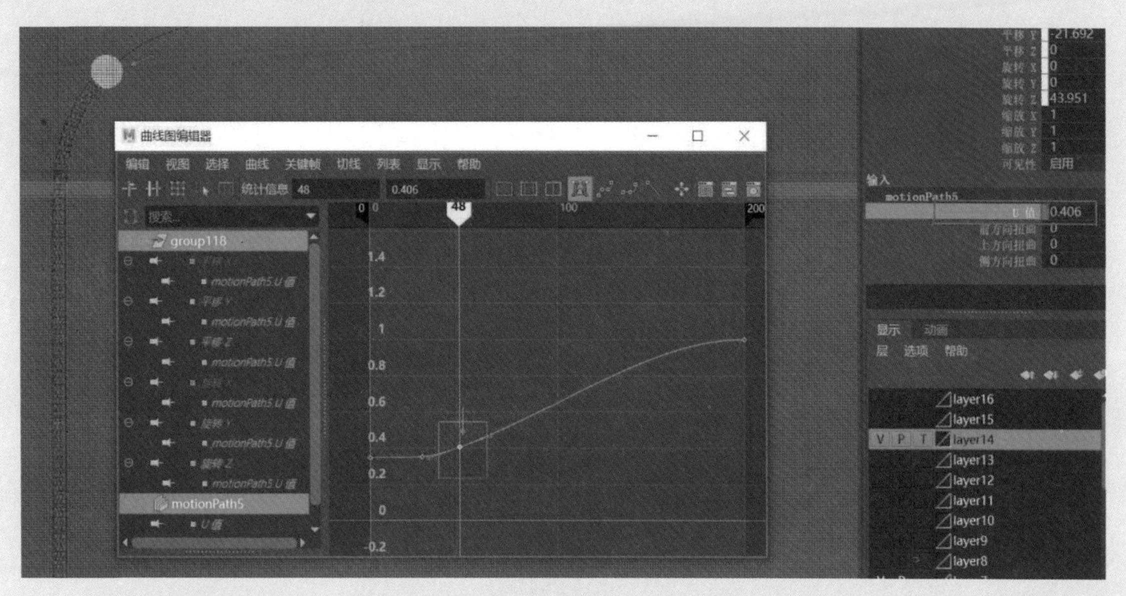

图3-55

步骤5：采用相同的方法，一边移动游标，一边增加关键帧，一边调整关键帧的位置，让催化剂小球与碳管的位置相匹配，通过关键帧位置修正曲线，如图3-56所示。

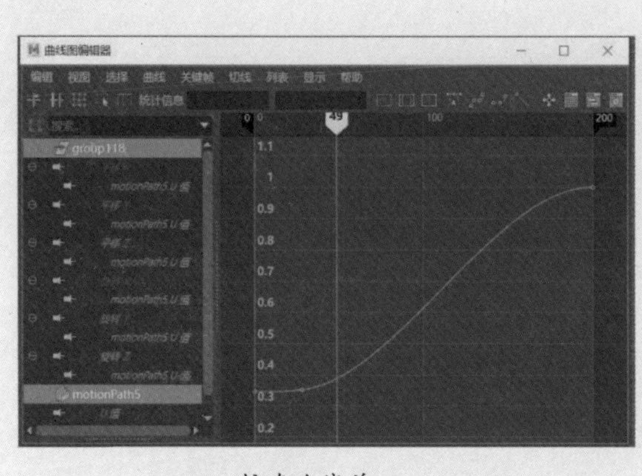

校准曲线前

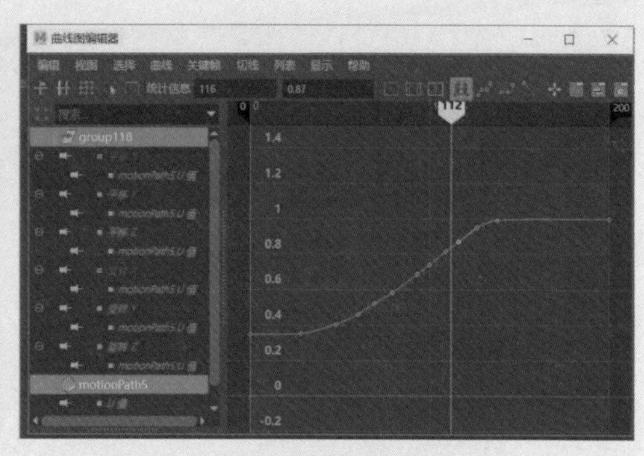

校准曲线后

图3-56

步骤6：播放动画，可以看到动画按照目标预设，碳管在催化剂小球的引导下生长。

步骤7：在大纲编辑器中找到催化剂小球模型，为模型的旋转轴设置关键帧，如图3-57所示。

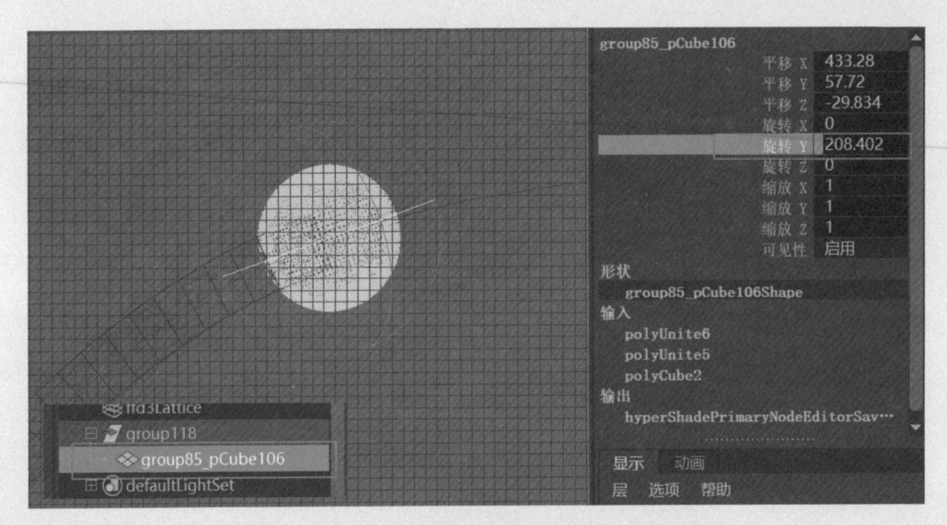

图3-57

步骤8：采用相同的方法，为其他碳管和催化剂小球设置动画。在“渲染设置”面板中设置渲染参数，将软件切换到“渲染”模块，执行“渲染”|“渲染序列”命令，渲染动画。

3.5 变形动画与路径动画复合案例：小鱼动画

3.5.1 用弯曲变形工具制作小鱼的摆尾动画

步骤1：启动Maya并打开模型文件，执行“编辑”|“分组”命令，将3个模型对象放置在同一组中，如图3-58所示。

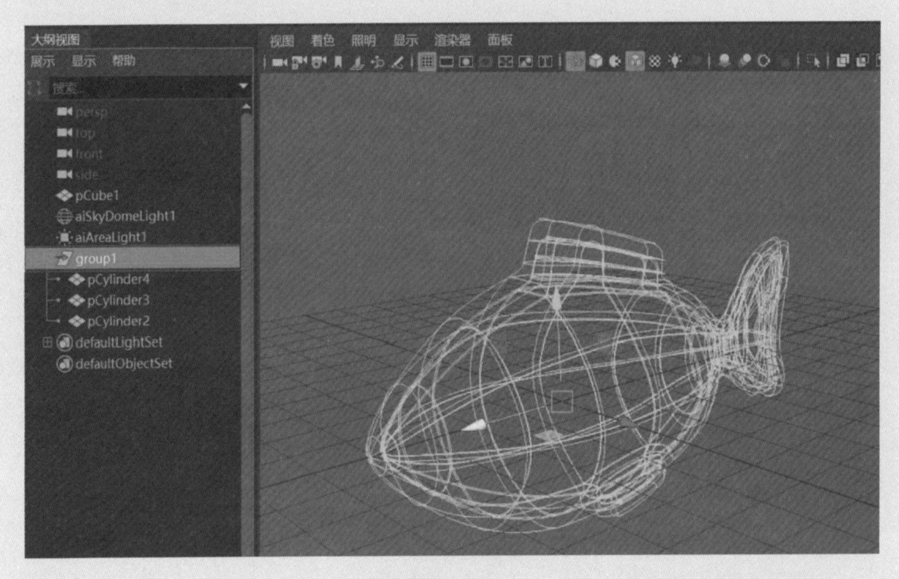

图3-58

步骤2：选中对象组，执行“变形”|“非线性”|“弯曲”命令，为模型组添加变形器，如图3-59所示。

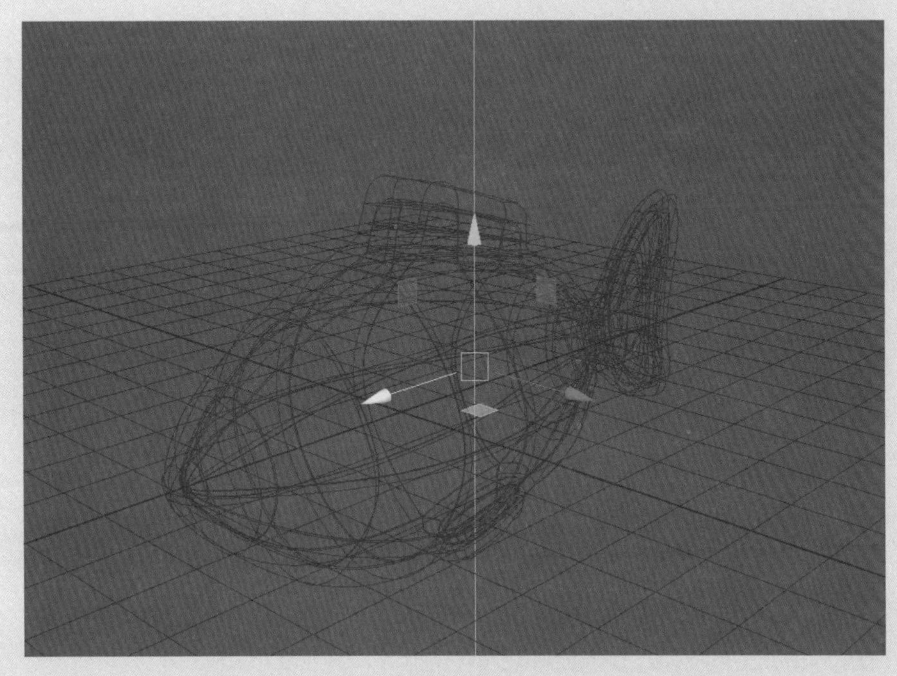

图3-59

步骤3：使用“旋转工具”，调整控制器的角度，如图3-60所示。

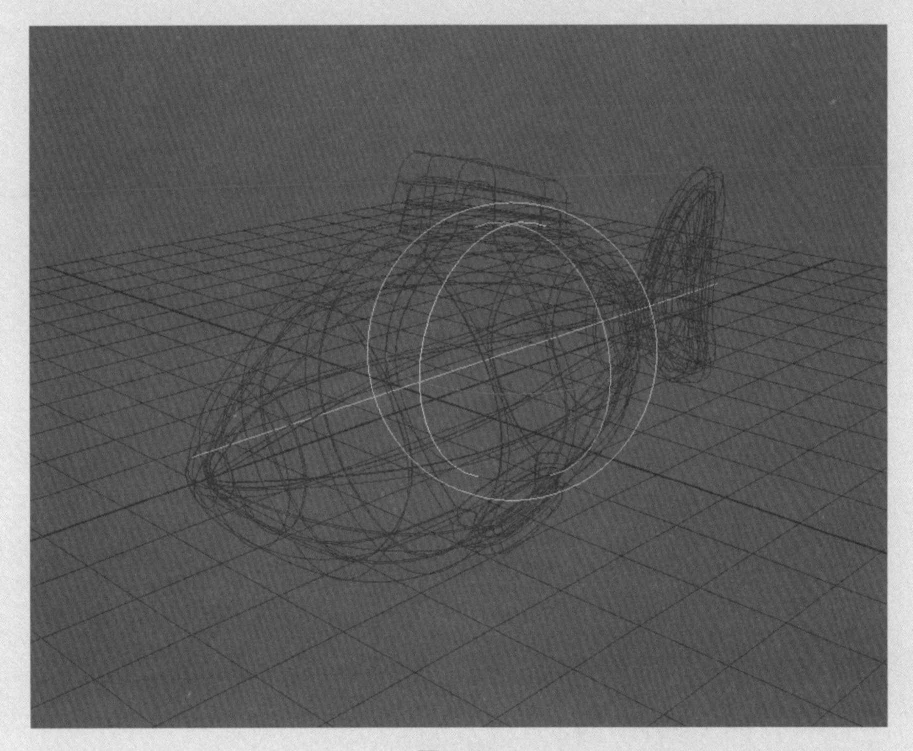

图3-60

步骤4：在通道盒中选中“曲率”参数，在场景中按住鼠标中键并拖曳，调整控制器的“曲率”参数，如图3-61所示，此时可以看到弯曲变形器可以做出鱼儿摇头摆尾的动作。

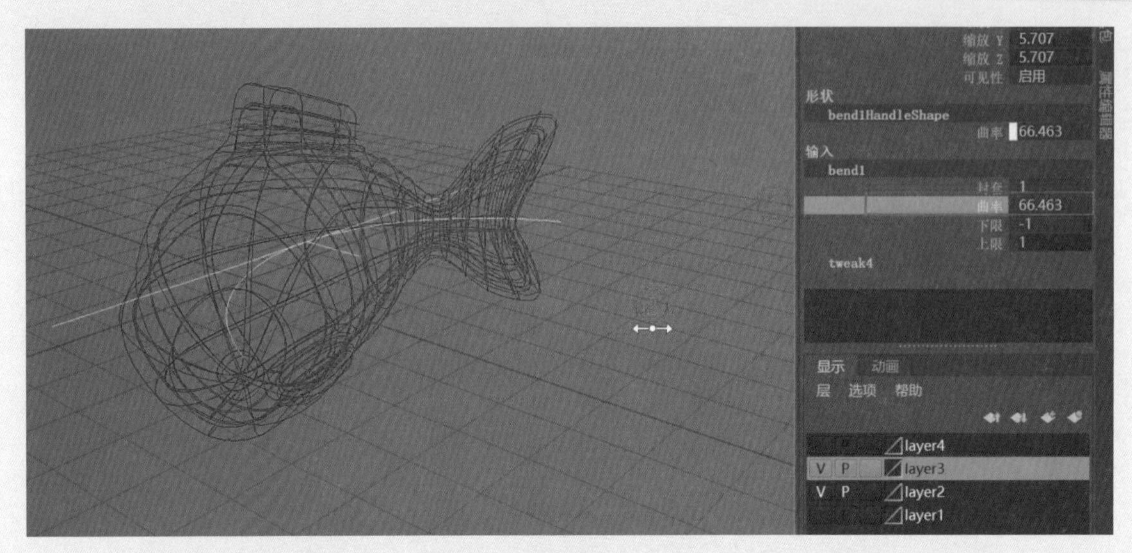

图3-61

在当前动画中需要制作的是一条纳米材料制成的合成鱼，而非自然界随机游动的鱼，将头部运动减弱，保持尾部摆尾的动作，这就需要进一步调整曲线控制器。

步骤5：将控制器约束的一端调整为0，则鱼只有摆尾的动作，头部相对稳定。使用“移动工具”将曲线控制器向前移至鱼腹部，让鱼摆尾的起始位置看起来更自然，如图3-62所示。

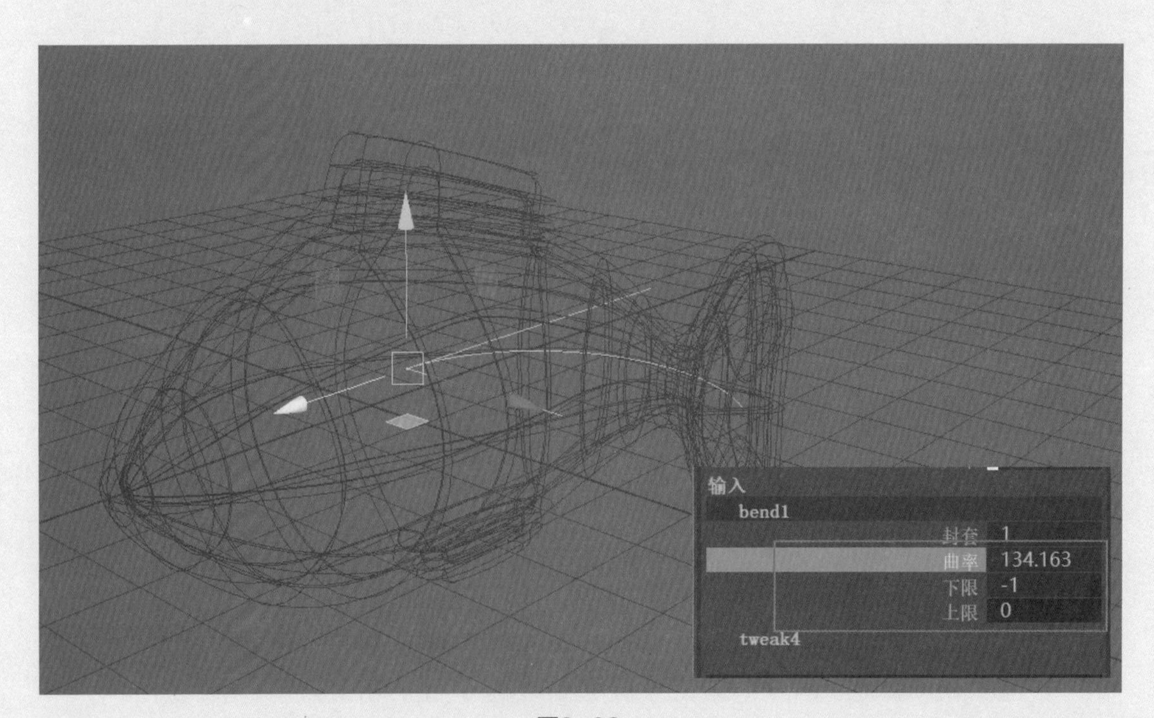

图3-62

步骤6：调整好控制器后，在动画播放区为曲线控制器设置动画。在动画播放区调整好游标所在关键帧的位置，调整“曲率”参数。在“曲率”参数上右击，在弹出的快捷菜单中选择“为选定项设置关键帧”选项，如图3-63所示。

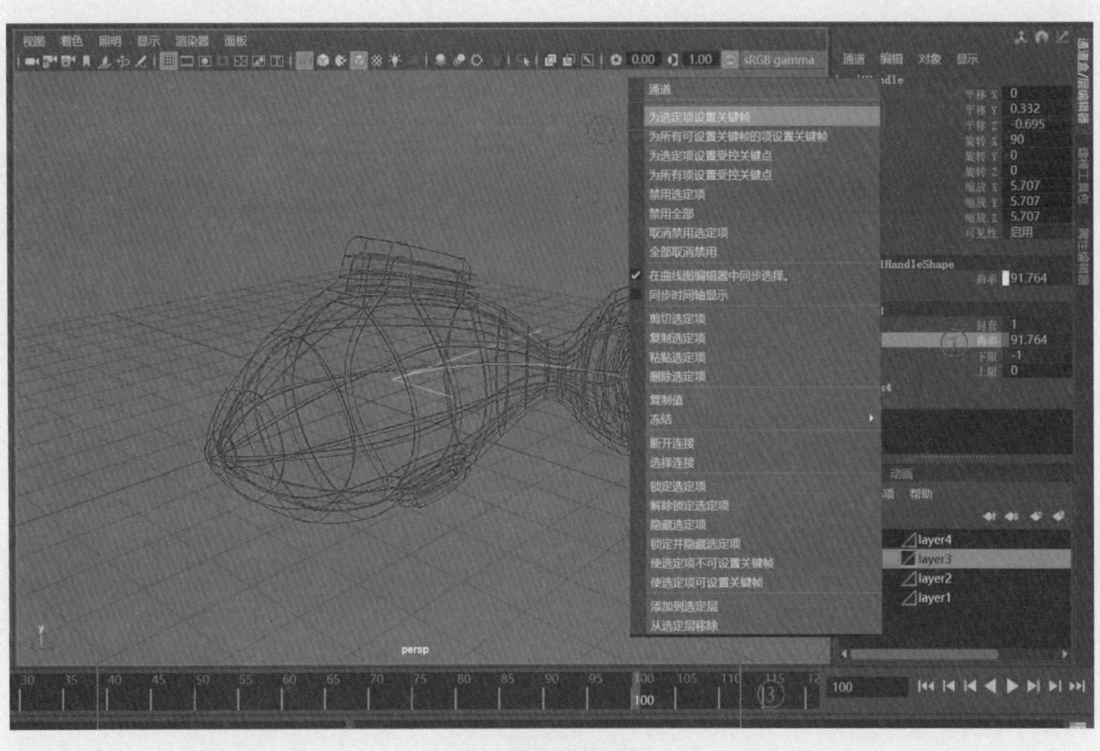

图3-63

步骤7：单击动画播放区中的“播放”按钮▶，播放预览动画，可以看到鱼连贯的摆尾动作，其中一帧渲染画面的效果如图3-64所示。

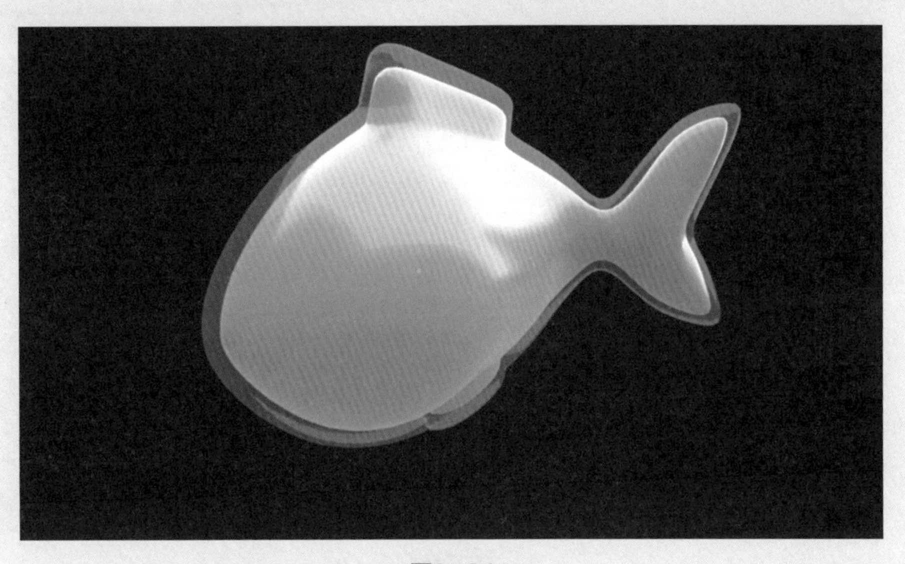

图3-64

3.5.2 利用路径动画制作小鱼游动效果

步骤1：执行“创建”|“曲线工具”|“CV曲线”命令，将视窗切换到顶视图，在顶视图中绘制鱼前进的路径。

步骤2：在场景中右击，在弹出的快捷菜单中选择“控制顶点”选项，进入点编辑状态，调整编辑曲线形态，如图3-65所示。

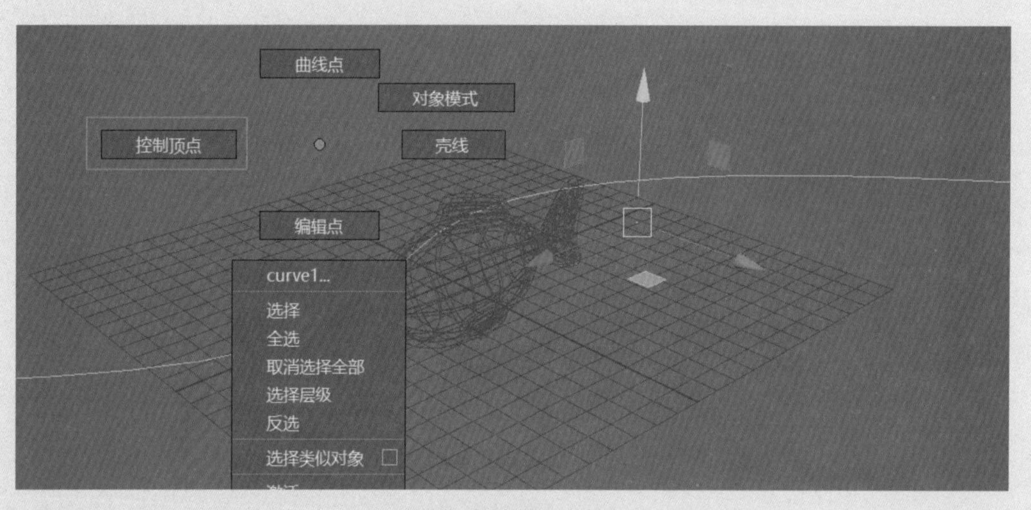

图3-65

步骤3：在大纲编辑器中选中小鱼所在的对象组和曲线控制器，并编成一个新组，如图3-66所示。选中新对象组和曲线，将当前的“建模”模块切换到“动画”模块，执行“约束”|“运动路径”|“连接到运动路径”命令。

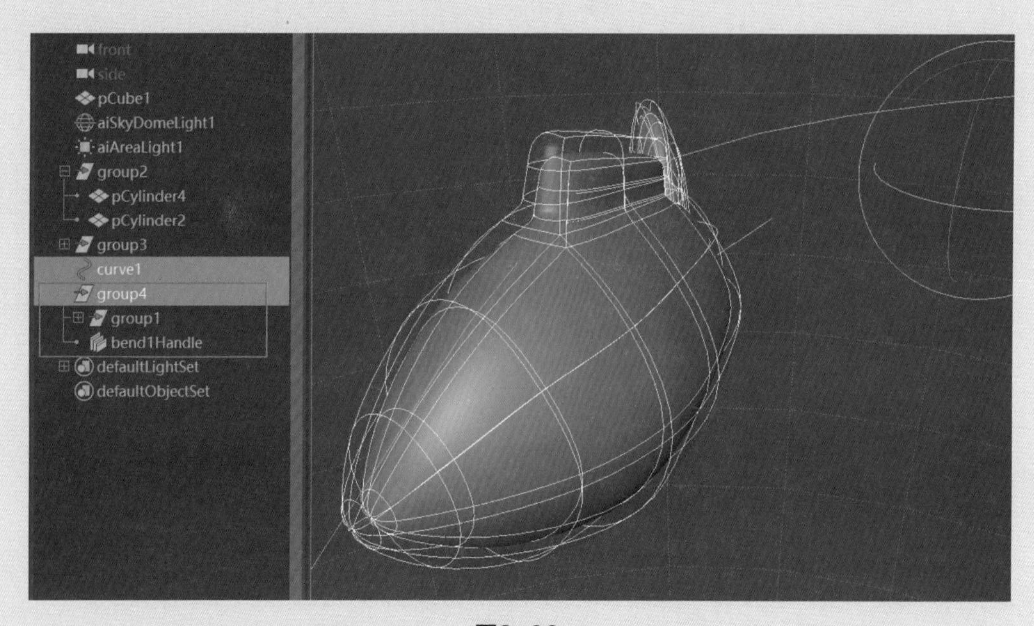

图3-66

步骤4：单击动画播放区中的“播放”按钮▶，播放预览动画，如图3-67所示。

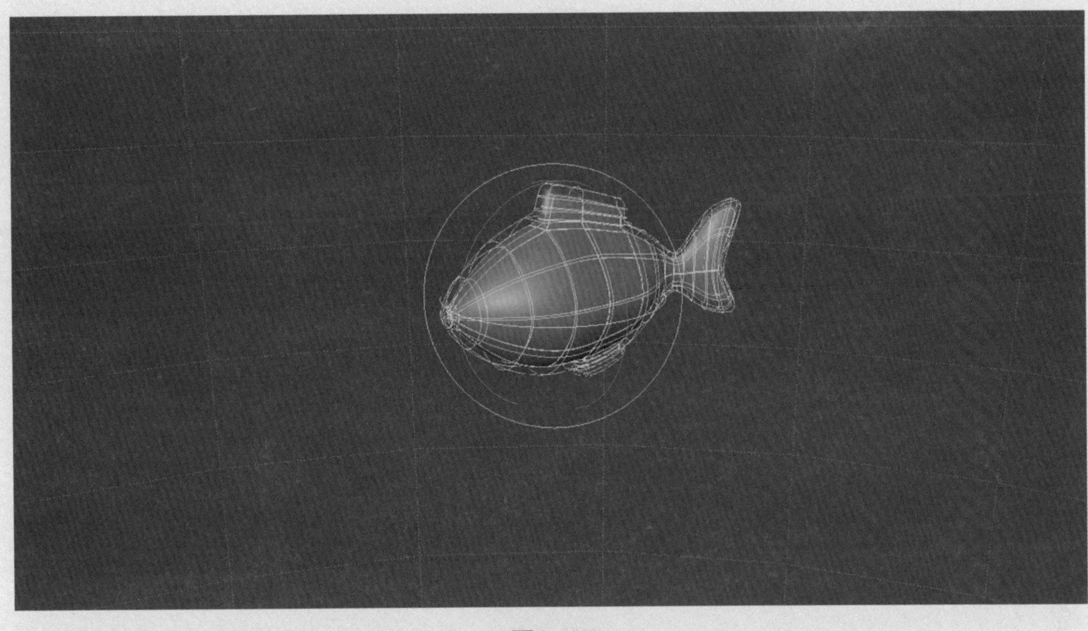

图3-67

步骤5：执行“窗口”|“动画编辑器”|“曲线图编辑器”命令，调出“曲线图编辑器”面板，调整曲线让小鱼在游到路径末端时缓慢停下，如图3-68所示。

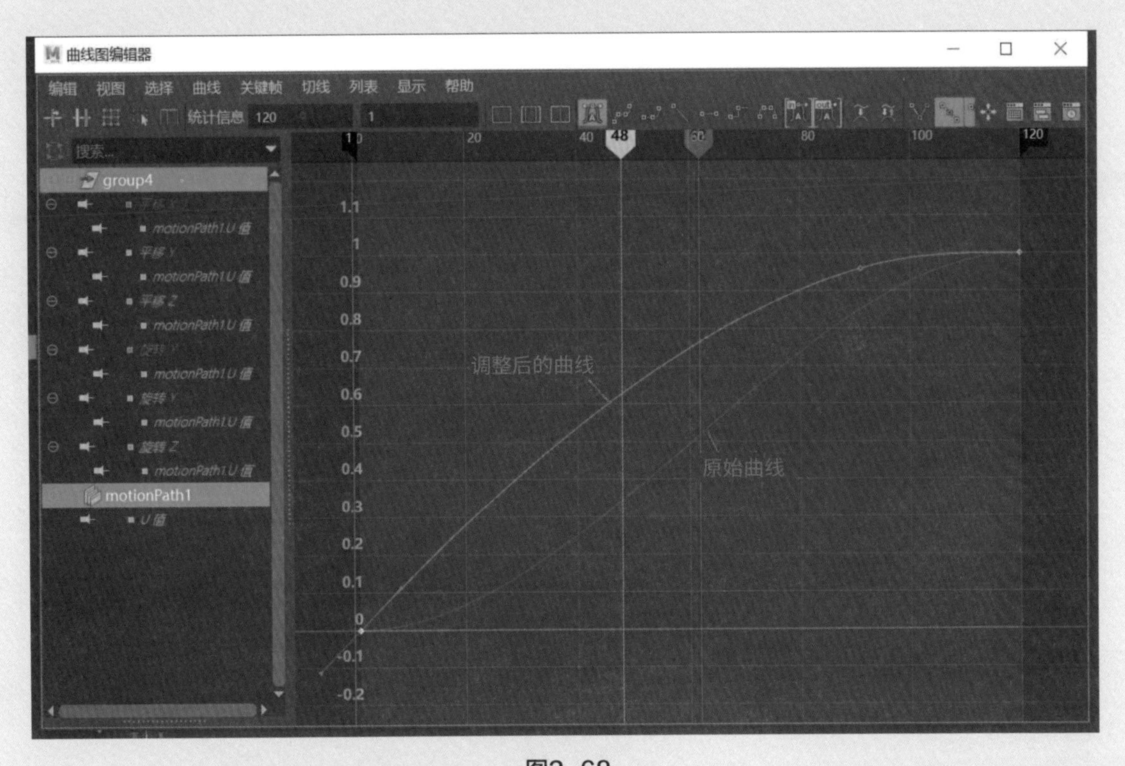

图3-68

3.5.3 融合变形动画

小鱼一边摆尾一边前行的动画塑造了鱼在水中游动的灵动性。这只材料小鱼，从内向外划开其腹腔会让蓝色的材料溶解，接下来需要完成“划开”和“溶解”的过程。在三维虚拟空间中的模型是由虚拟的点、线、面构成的，要生成划开断裂的效果需要对模型进行处理，让画面中产生假的切分效果。

步骤1：进入模型组，选择小鱼模型，在路径末端复制模型。按住鼠标中键拖曳群组，从之前的路径组中拉出来，如图3-69所示。

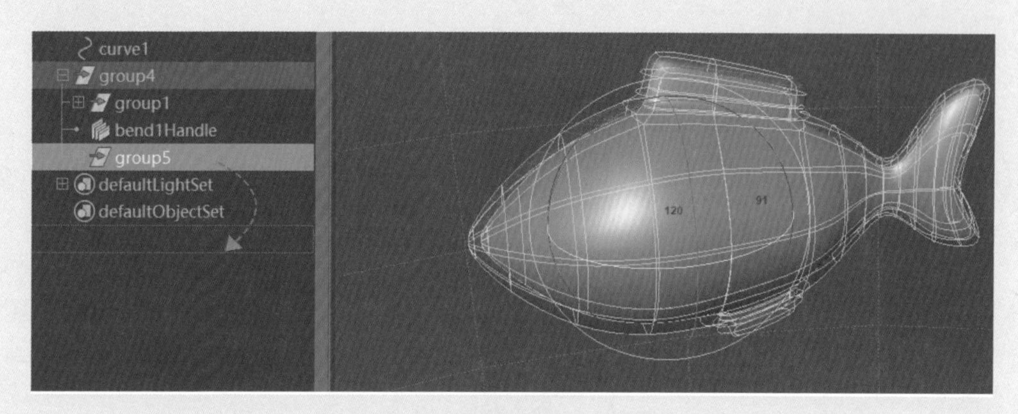

图3-69

步骤2：将之前的运动路径放在群组中并隐藏。在“建模”面板中，选中“网格工具”|“多切割”工具，为当前位置上复制的小鱼加点、加线，制作一个切开之后的“伤口”，如图3-70所示。

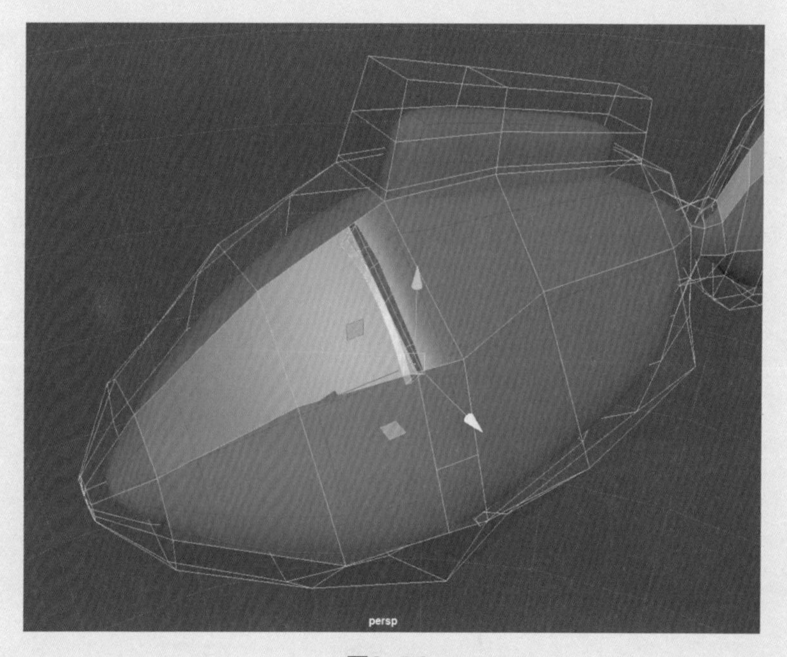

图3-70

步骤3：再复制一组带切口的小鱼，通过调整点的位置，让“伤口”变小，如图3-71所示。

图3-71

步骤4：按下数字键盘上的3键，使模型平滑显示，按照顺序选中两组“伤口”大小不同的鱼，如图3-72所示，单击菜单栏中“变形”|“融合变形”选项右侧的小方块，调出“融合变形选项”面板，在“融合变形节点”文本框中输入节点名称，单击“创建”按钮。

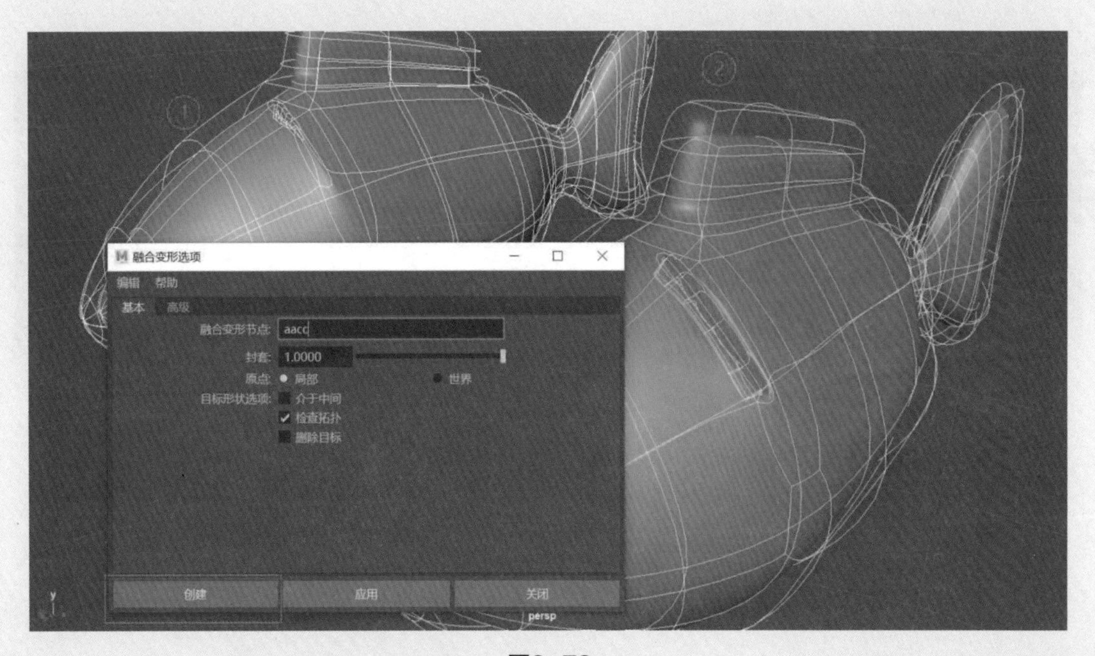

图3-72

步骤5：选中第二条鱼，在通道盒中找到刚才设置的融合变形节点名称，展开融合变形节点，调整pCylinder4参数，随着pCylinder4参数的变化，可以看到在第二条鱼身上产生由小伤口变成大伤口的模型变化，如图3-73所示。

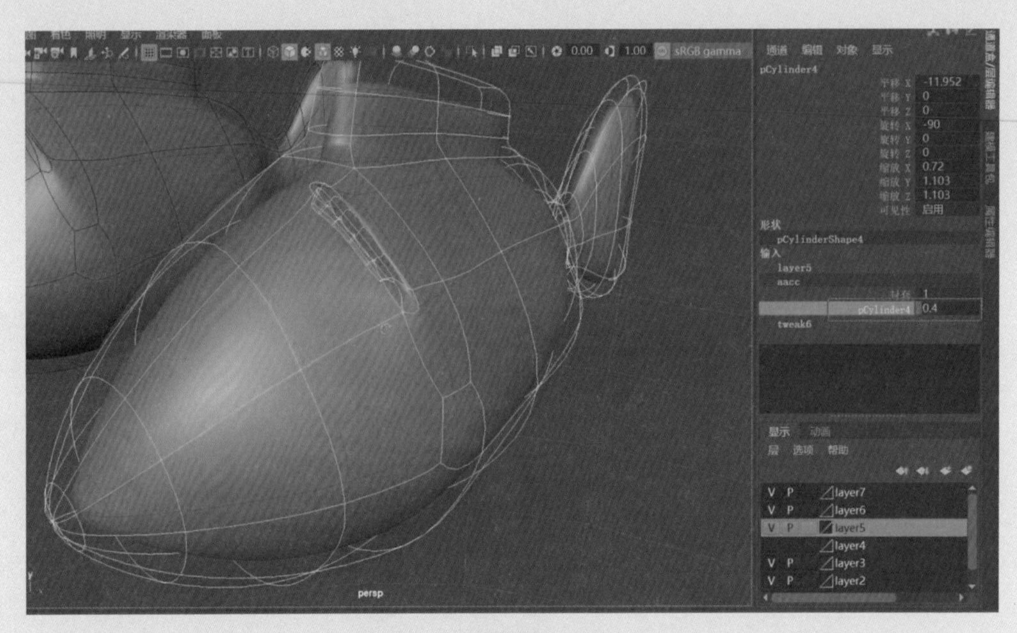

图3-73

步骤6：将第一条鱼隐藏，调整动画播放区关键帧的数值，在第二条鱼的pCylinder4参数上右击，设置关键帧，此时播放动画，鱼身上的伤口自动产生。

步骤7：在“伤口”上放置刀尖模型，为刀尖设置位移关键帧，使刀尖的移动与伤口的关键帧状态相匹配，如图3-74所示。

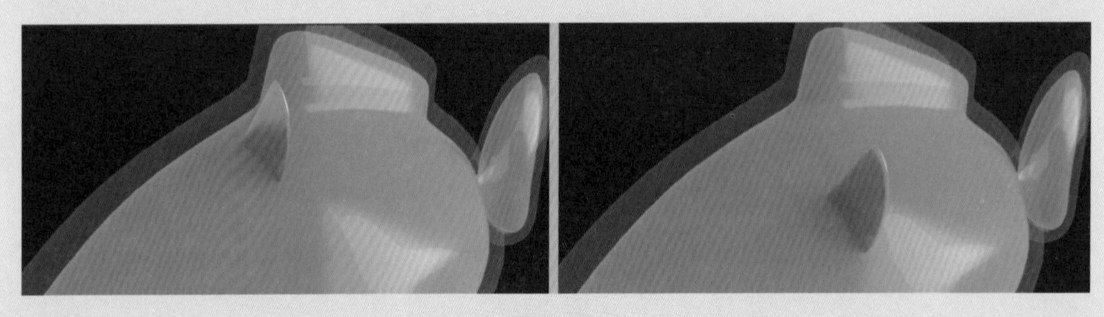

图3-74

提示

融合变形需要基于两个面片数一样的模型，如果在模型上新增了点或者面，两个模型面数不同，再进行融合变形会导致错误。

3.5.4 用材质动画制作材料溶解消失的效果

在 Maya 中，基本上所有参数都可以以关键帧的方式来控制其参数变化，进而产生动画效果，而且除了模型，材质也可以设置关键帧。

步骤1：在大纲视图中选择小鱼模型组中的蓝色层，执行“窗口”|“渲染编辑器”|Hypershade命令，调出材质编辑器选项卡。在当前材质选项卡中找到Transmission展卷栏，在Weight参数上右击，在弹出的快捷菜单中选择“设置关键帧”命令，如图3-75所示。

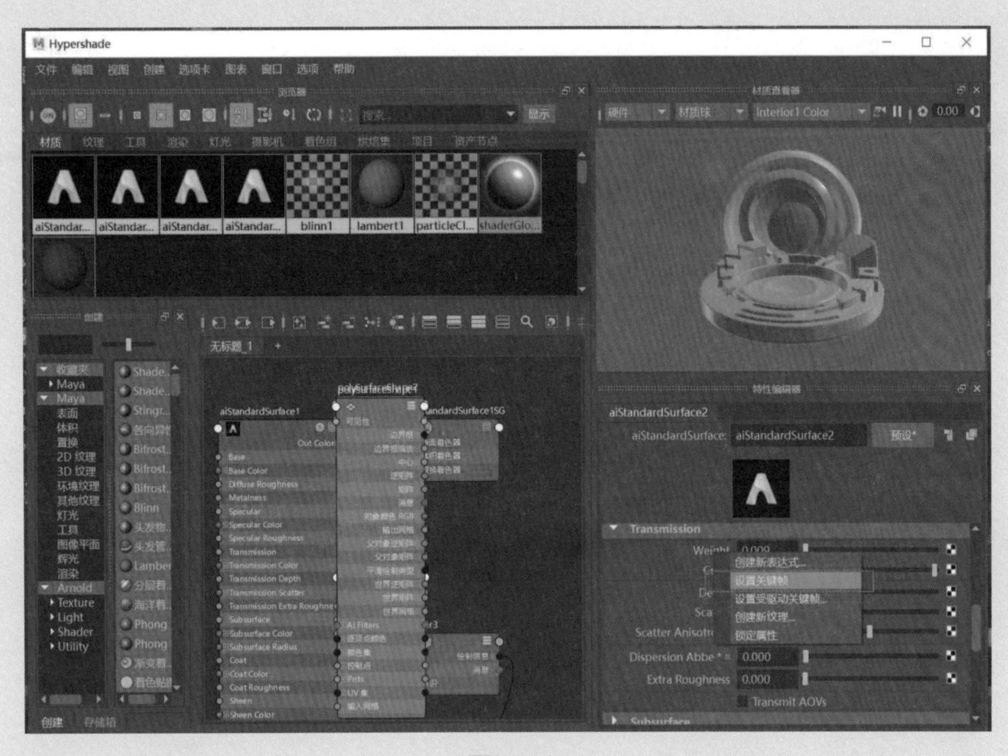

图3-75

设置前需要调整好动画游标所在的位置。

步骤2：调整动画播放区游标所在位置，再次调整“透明度”参数为0并右击，在弹出的快捷菜单中选择“设置关键帧”命令，播放动画看到中间蓝色小鱼逐渐变成透明的效果，如图3-76所示。

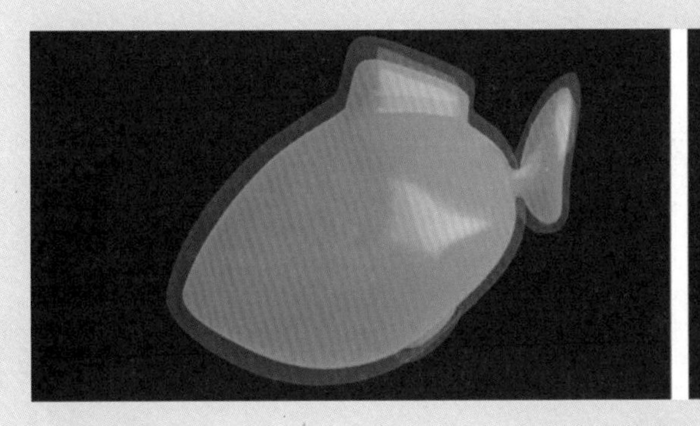

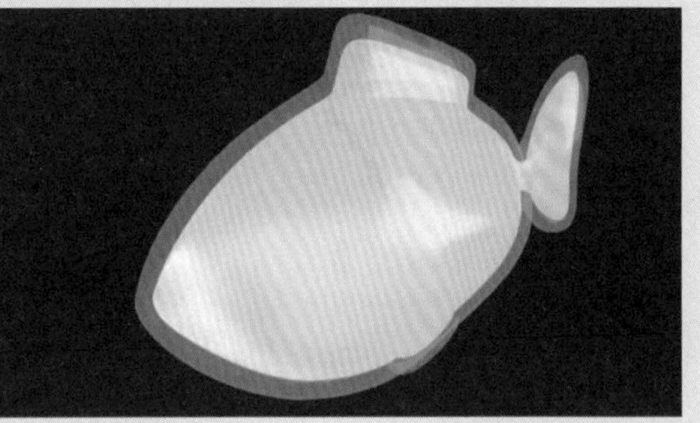

图3-76

第4章 科研素材动画合成工具——《会声会影》

在三维软件中制作的动画最终都会以序列帧图像的形式输出，需要通过后期合成软件将序列帧图像合成才能以视频文件的形式出现。视频合成也是科研动画必须经过的一个步骤，常见的视频合成软件较多，有些侧重于特效，有些侧重于剪辑合成。针对科研动画的特性及操作的复杂程度，本书以《会声会影》软件为例，讲述动画合成需要掌握的技能。

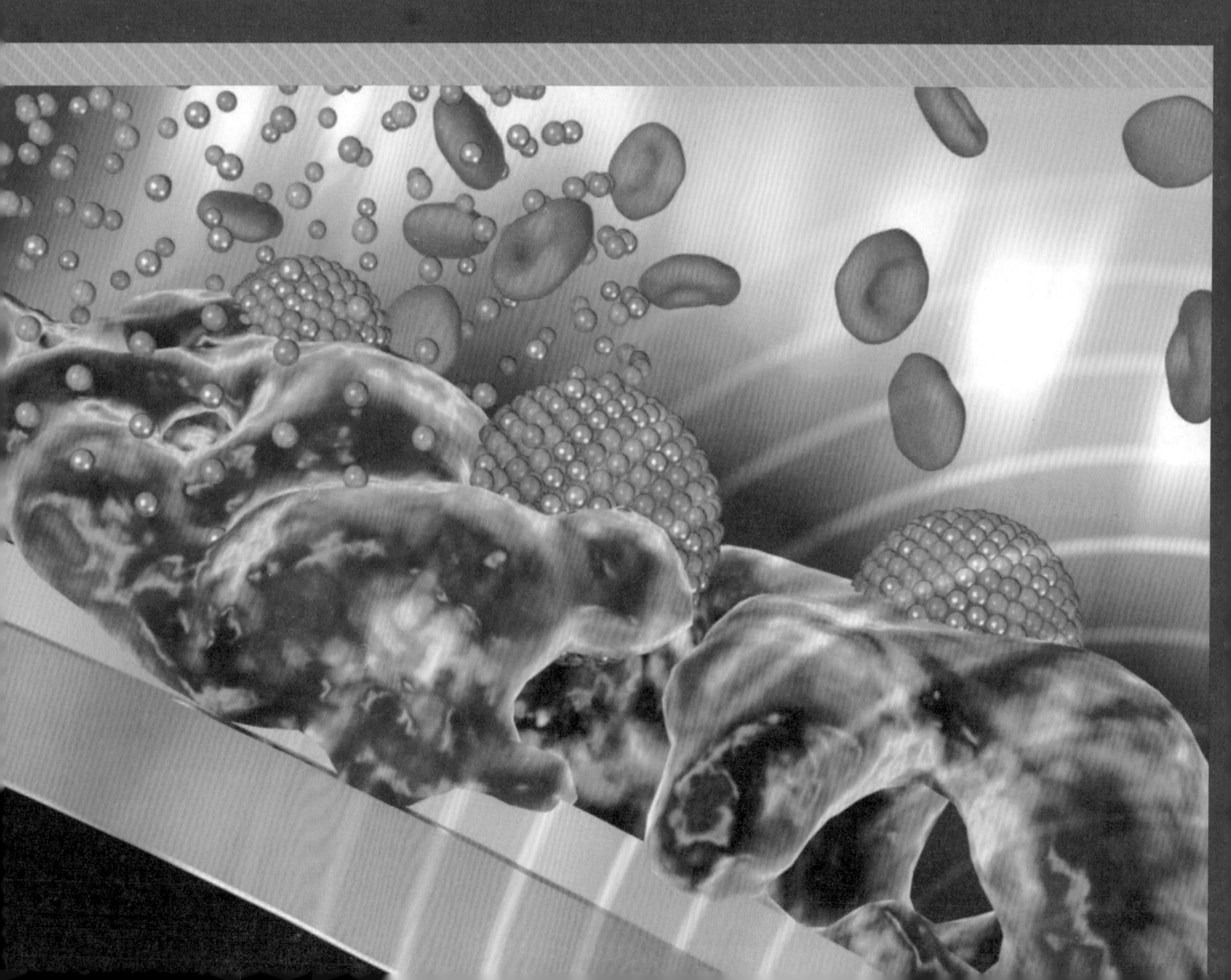

《会声会影》是 Corel 公司出品的视频编辑软件，因为模板和资源素材众多而深受大家喜爱。科研动画常见的合成需求有以下两方面。

（1）三维软件制作的原理动画，需要经过合成软件合成视频文件，同时调整动画的节奏，或者增加文字、标题等辅助信息。

（2）各种来源的素材通过合成软件融合在一起，需要对已有视频进行剪辑，需要对素材图像进行动态处理等，将已有的实际拍摄视频、照片资料和原理动画视频加上配音片段融合在一起，从而讲述科研内容。

在本章主要通过科研素材动画的合成过程来讲述《会声会影》的常用功能。

4.1 《会声会影》的界面

《会声会影》是一个操作较为简单的合成软件，其没有太多复杂的菜单，如图 4–1 所示，多数功能可以通过单击界面中的快捷按钮进行操作，还可以使用素材库中的素材进行叠加合成。

图4–1

① 菜单区：在菜单区中分布着编辑与工具的常规菜单及命令。

② 预览区：可以对素材区的素材资源和时间轴上的视频进行预览，如图 4–2 所示。在预览区下方提供了对视频预览播放的相关设置、音频开关设置，以及对视频预览时的全屏切换控件。

图4–2

③ 时间轴：将素材区的素材拖至时间轴中的相关轨道上，可以对时间轴上的素材进行上下图层的画面调整和视频持续时间的调整。在《会声会影》中的视频和音频分别放置在视频轨道和音频轨道中，以便进行分别处理。在时间轴顶部集中放置了视频编辑的常用工具按钮，如图 4-3 所示。

图4-3

④ 步骤选项卡：步骤选项卡分为“捕获”“编辑”“分享”选项卡，单击切换到“捕获”选项卡，软件可以通过外联设备和捕捉屏幕等方式获得视频素材，如图 4-4 所示。

图4-4

常见的视频编辑工作基本都在“编辑”选项卡中进行处理，视频资料处理完成后进入“共享”选项卡，在该选项卡中选择导出的视频格式，设置导出视频文件的名称、导出文件的路径后，即可输出视频文件，如图 4-5 所示。

⑤ 选项面板：选项面板中包含多种模块，如“素材”“音效”“转场”等，分别对应各种类型的素材库，在选项面板中单击对应的按钮，可以看到对应的资料库。从素材库中选中素材并应用到时间轴中的视频素材或者音频素材，才能进行相应的修改或添加需要的效果，如图 4-6 所示。

图4-5

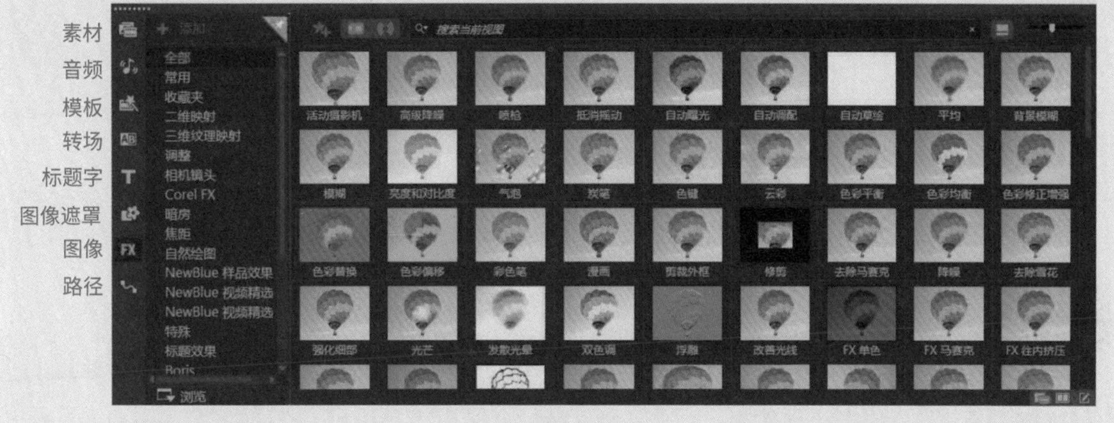

图4-6

4.2 剪辑视频文件

4.2.1 视频与音频分离

步骤1： 启动《会声会影》软件，执行“文件”|“新建项目”命令，新建空白项目。在选项面板区中进入“素材”标签卡，单击“添加”按钮，在素材区创建新的文件夹，并为文件夹命名。在素材区右击，在弹出的快捷菜单中选择“插入媒体文件”选项，将相关素材分类调入，如图4-7所示。

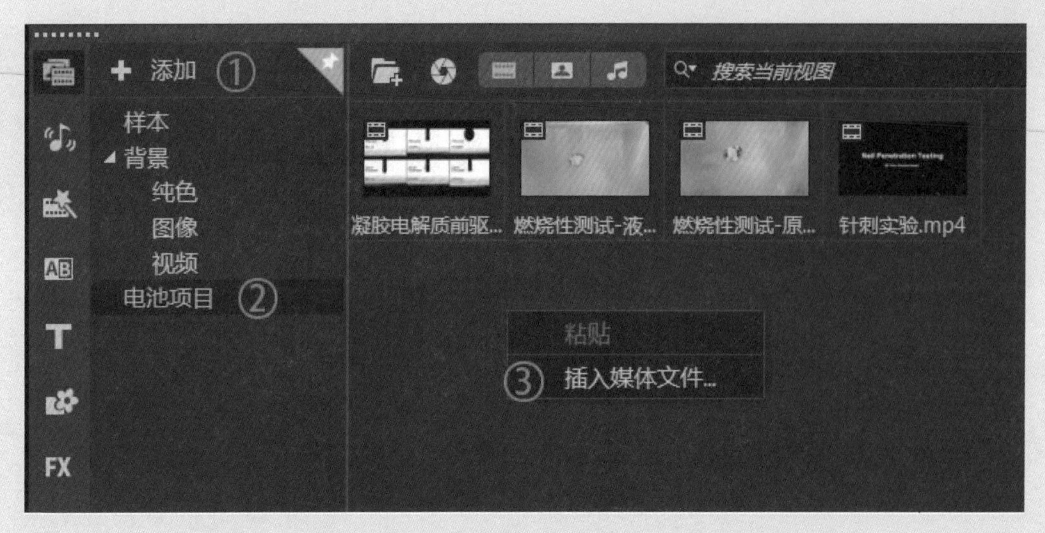

图4-7

步骤2：选中素材区中的素材，并拖至时间轴的视频轨道上，如图4-8所示。

图4-8

步骤3：在时间轨道上播放视频素材，之前拍摄的原始素材包含声音，此处需要将原始的声音和视频分离，再为视频增加配音和配乐。在视频轨道的素材上右击，在弹出的快捷菜单中选择“音频”|“分离音频”选项，如图4-9所示。

步骤4：在音频轨道上会出现对应的音频素材，将音频素材删除，再次播放时间轴上视频，此时只有图像没有声音，如图4-10所示。将其他视频分别拖至视频轨道中，并依次删除背景声音。

图4-9

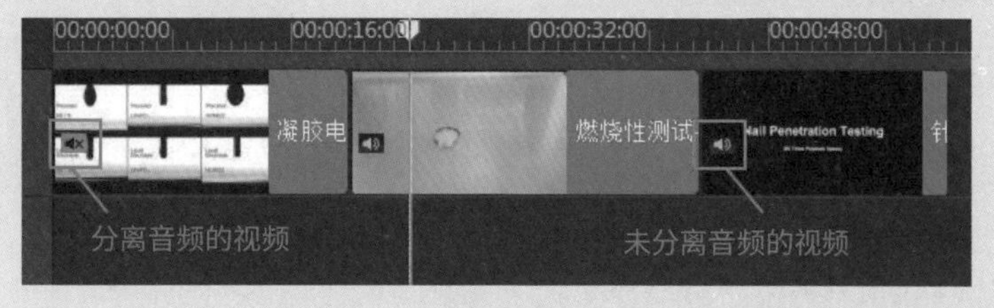

图4-10

4.2.2 编辑实验素材

步骤1： 继续前面的操作，在音频轨道上插入配音素材，如图4-11所示。

图4-11

带配音的视频文件有以下两种情况。

（1）声画有一定对位要求的视频文件：即希望播放画面时，解说词同时讲到相应的信息点，进而让观众对画面产生更多的理解共鸣。

（2）声画没有精准对位的视频文件：播放画面仅给出一些空镜头或者背景信息，解说词与画面中的图像信息不需要考虑精确对应。

对于这两种情况的视频文件，编辑过程都要基于配音来控制节奏，配音文件需要事先录制，并根据配音的时间长度来调整视频播放的时间长度。

步骤2：按空格键播放音频，根据音频停顿的节点，选定视频应该对应的位置，在需要对应的位置再次按空格键停止播放，在游标所在位置单击，产生绿色标记，如图4-12所示，这些绿色标记是后续用来帮助裁切视频的参考点。

步骤3：将游标移至绿色标记上，在游标所在位置右击，在弹出的快捷菜单中选择“分割素材”选项，如图4-13所示。

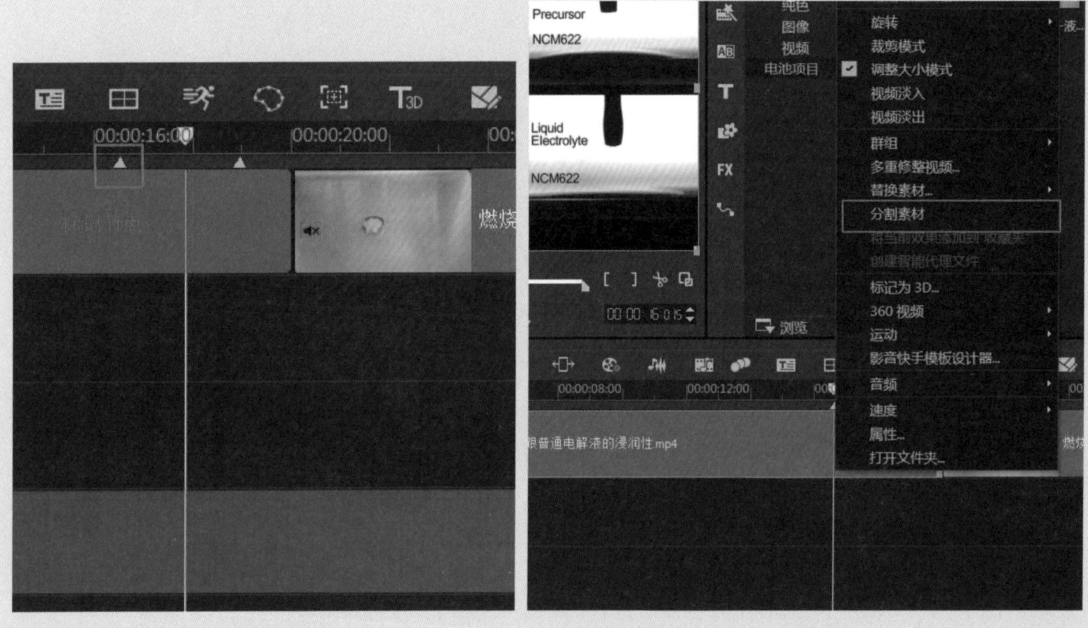

图4-12　　　　图4-13

步骤4：将分切出来的视频删除，后面的视频会自动向前补位。

步骤5：在视频上右击，在弹出的快捷菜单中选择“速度”|“变速”选项，调出“变速”面板，如图4-14所示。

步骤6：在“变速”面板中可以看到视频起始和终止端有默认关键帧，将游标放置在视频起始位置的关键帧上，调整“速度”滑块至300，起始端关键帧数值会变成调整之后提速的关键帧。再将游标放置到终止端的关键帧上，调整终止端“速度”值为300，单击“确定”按钮回到时间轴。

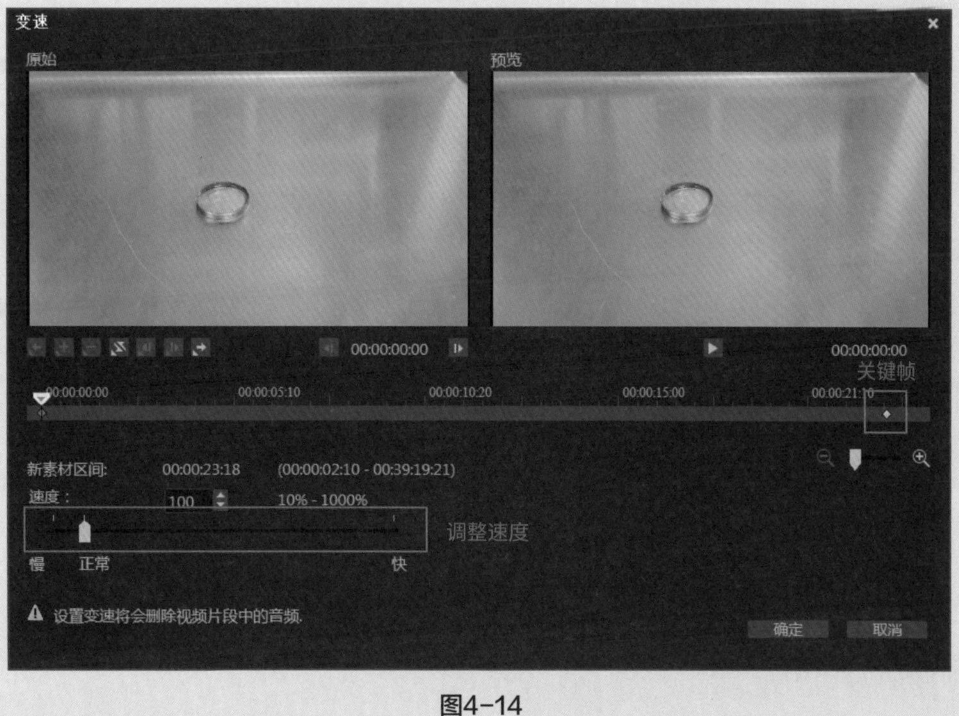

图4-14

步骤7：在时间轴中可以看到素材整体长度变为之前的1/3，如图4-15所示。播放素材，视频的播放速度加快了。

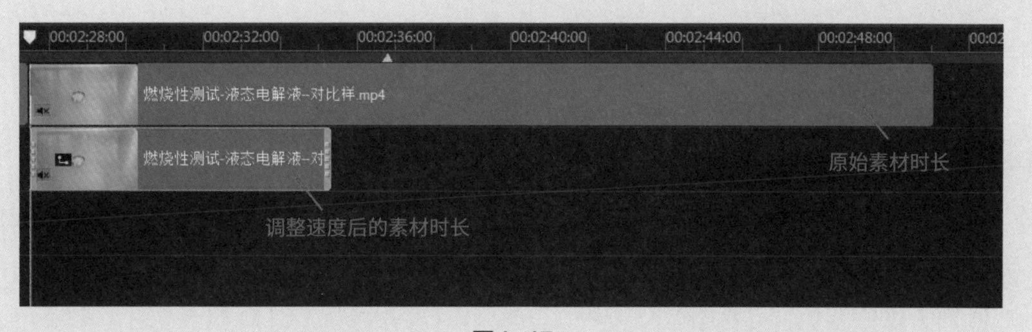

图4-15

科研动画不是娱乐动画，在播放时间方面要尽可能地提高信息展示效率才能保证全片的有效性，科研动画经常会出现在重大项目答辩会或者项目申报活动中，在这种分秒必争的使用环境中，不必要的拖沓部分一定要删除。虽然在实际拍摄素材时，镜头画面多是缓慢的，但在内容允许的情况下，一定要适当提高播放速度。

4.2.3 用遮罩制作镜头中的对比效果

步骤1：在科研动画中免不了需要对两种或者更多的试验现象进行效果对比，在预览窗口中，可以看到叠加素材位于基础素材画面的上方，而基础素材当前是全屏平铺画面，如图4-16所示。要使两种素材形成对比展示效果，素材之间的遮挡关系和画面构图都有问题。

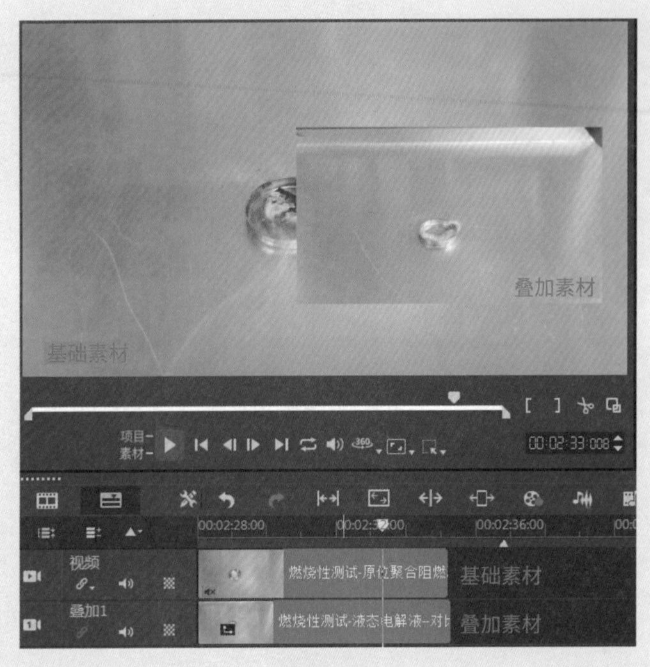

图4-16

步骤2： 选中基础素材，使视频轨道上的基础素材也处于选中状态，单击时间轴轨道中的“遮罩创建器”按钮，调出“遮罩创建器”面板。

步骤3： 选择“矩形”工具，在画面中绘制矩形，矩形内为不被遮挡的区域，矩形外为遮挡区域。调整“透明度”值为100，则矩形外完全被遮挡，画面呈现被裁剪的效果。设置完成后单击“确定”按钮回到时间轴，如图4-17所示。

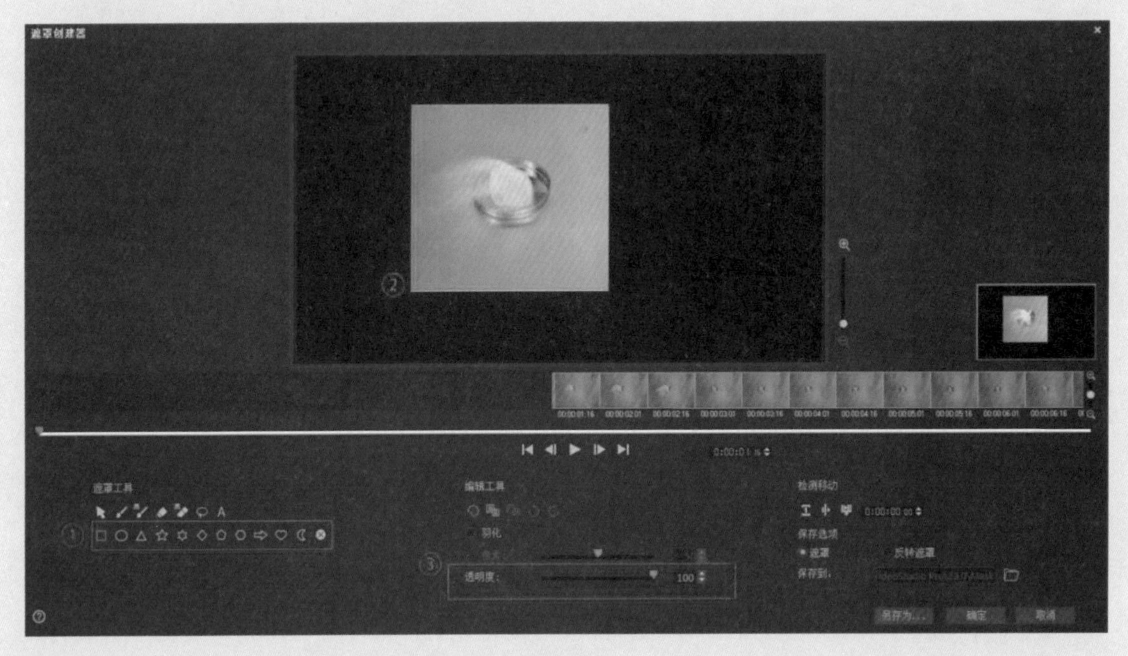

图4-17

步骤4：遮罩工具会在原始素材外生成新的素材，放在新增的叠加轨道中，将原始素材删除，可以看到只保留了中间的动态区域，周围空白画面都被遮罩裁切掉了，如图4-18所示。

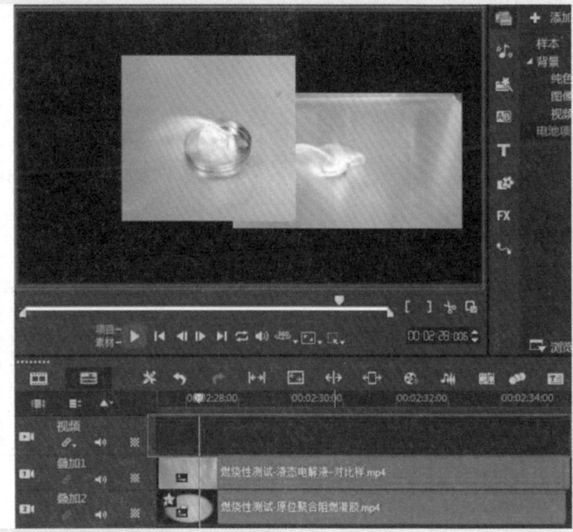

图4-18

步骤5：采用同样的方式处理另外一组对比视频，并调整其位置，如图4-19所示。

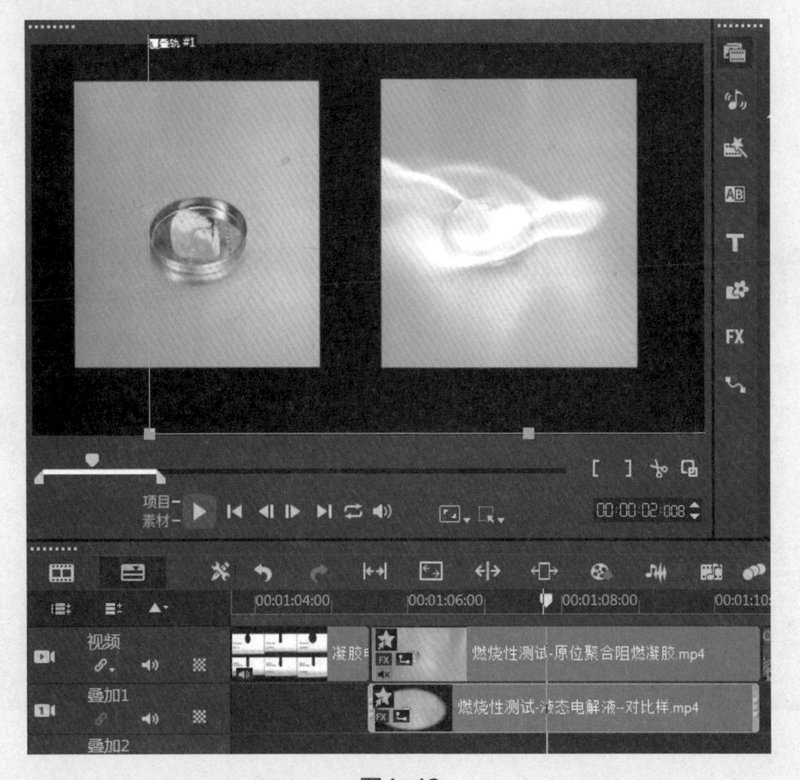

图4-19

4.3 对实验中获得的静态素材进行处理

4.3.1 让静态素材看起来更运动

步骤1：调入照片素材，并将照片素材拖至时间轴轨道中，在素材上右击，在弹出的快捷菜单中选择“运动”|“自定义动作”选项，如图4-20所示。

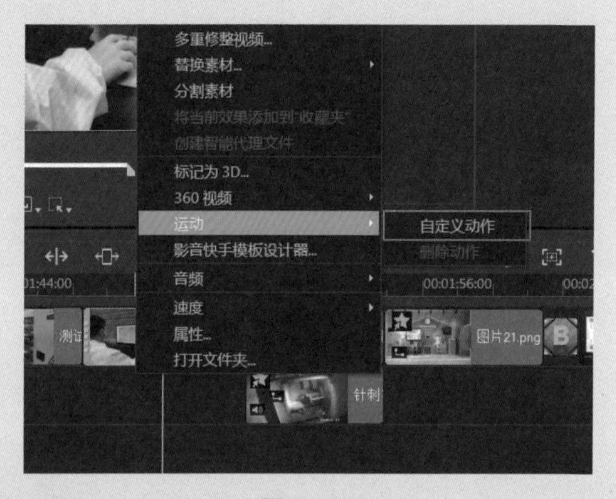

图4-20

步骤2：在“自定义动作”面板中，将游标放在起始端的关键帧上，并设置“位置”与“大小”数值。再将游标放置在终止端的关键帧上，调整“位置”和“大小”数值，如图4-21所示。

图4-21

步骤3：设置后单击“确定”按钮回到时间轴，播放时间轴动画，可以看到静态的照片资料添加了镜头逐渐推进的动态效果。

步骤4： 在图像素材上右击，在弹出的快捷菜单中选择“自动摇动和缩放”选项，可以为图像添加软件预设的镜头摇移效果，如图4-22所示。

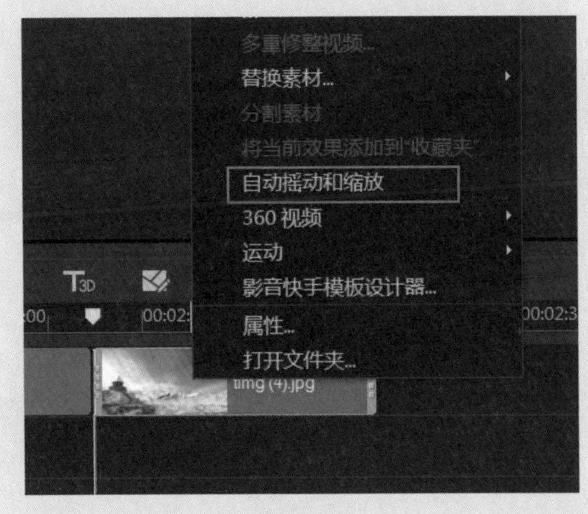

图4-22

步骤5： 预览视频效果，如果对镜头推拉效果不满意，可以再次右击，在弹出的快捷菜单中选择“自动摇动和缩放”选项，产生新的镜头摇移效果。

4.3.2 让素材之间的衔接生动多变

在影视动画中“转场”经常用来处理时间和空间关系，在处理科研动画过程中，“转场”不仅用来表现时空切换，也会用来调节过多的静态图像造成的视觉疲劳感。

步骤1： 在选项面板区单击“转场”按钮，进入转场素材区，如图4-23所示。选择希望添加的转场效果，并拖至两个素材之间的位置。

图4-23

步骤2：放大时间轴，拖动鼠标指针接近转场首尾区域时会出现调整图标，单击并拖曳可以改变转场的时间长度，如图4-24所示。

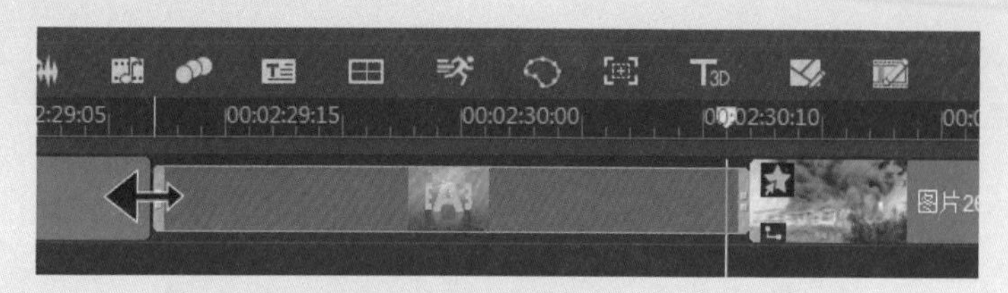

图4-24

步骤3：在转场上双击，进入转场设置面板，可以对转场的方式进行调整，如图4-25所示。

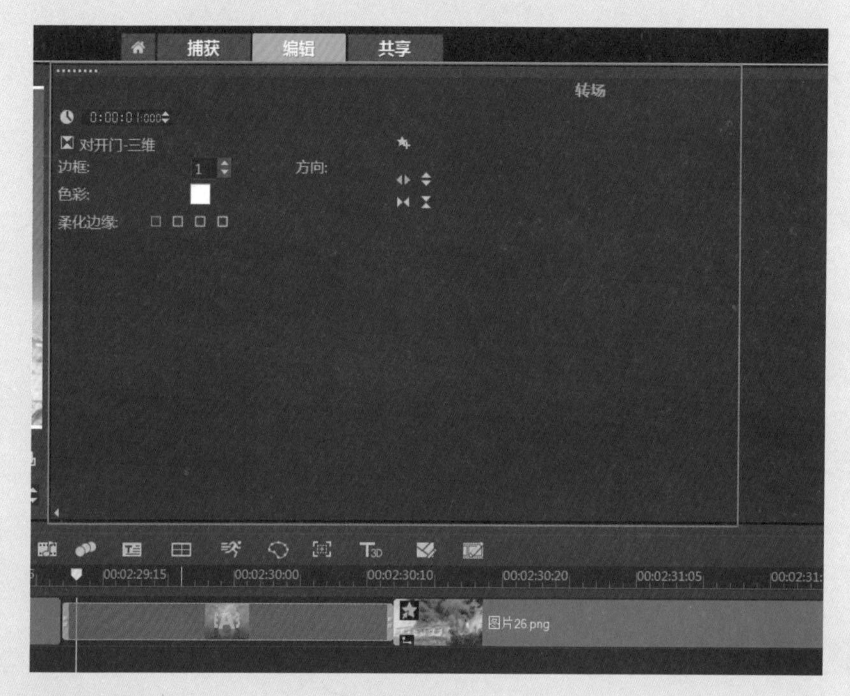

图4-25

步骤4：在视频适当的连接点中增加不同的转场，如图4-26所示。

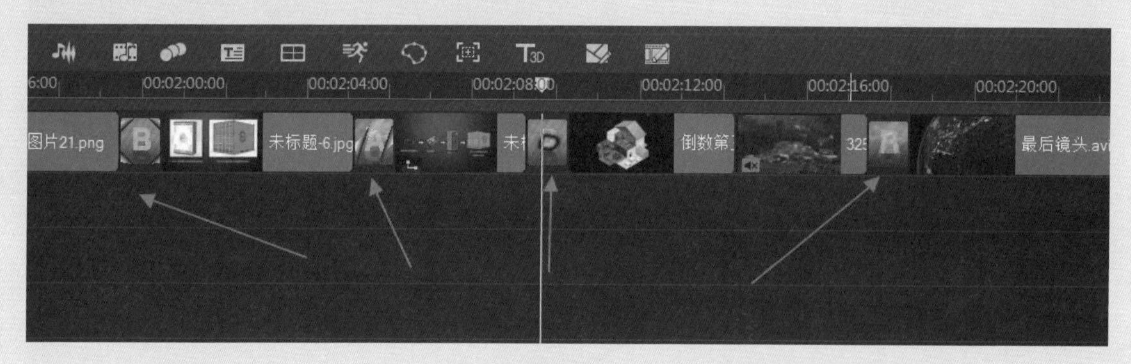

图4-26

4.4 音频素材编辑方式

常见的音频文件包括配音文件和配乐文件，在《会声会影》中需要将配音和配乐分布在两个不同轨道中，即声音轨道和音乐轨道。在科研动画中很少用到特效和具有情绪化的配乐，在大多数情况下，正统、稳重的配音更适合科研动画的展示。下面以配音文件为例，讲解对音频文件的简单处理方法。

步骤1： 选中“声音轨道”中的音频文件，让音频文件处于选中状态，单击时间轴上的“混音器”按钮 ，展开音频文件，如图4-27所示。

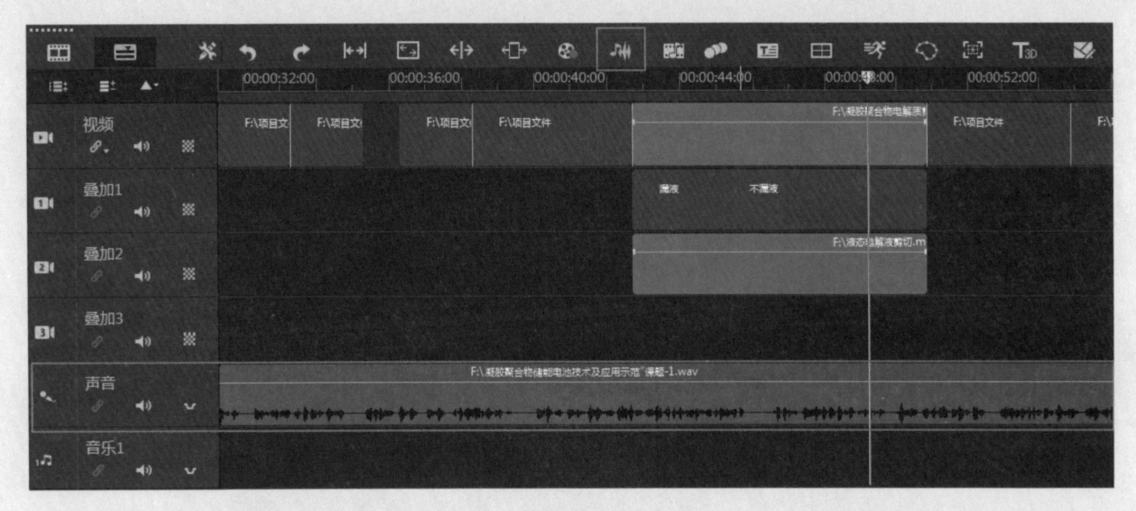

图4-27

步骤2： 使用“混音器”后，音频文件会以声波图像的形式展示，在声音停顿的地方会出现明显的空档。

步骤3： 将游标放置在剪辑位置上并右击，在弹出的快捷菜单中选择“分割素材”选项，对音频文件进行切分，如图4-28所示。

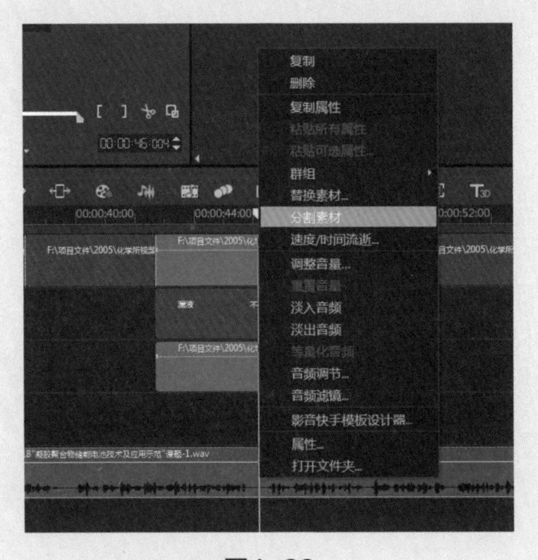

图4-28

步骤4：切分音频素材可以将配音中不想要的部分剪切或删除。

步骤5：完成视频编辑后，在步骤选项卡中单击“共享”按钮，在“共享”面板中选中要导出的视频格式，设置视频名称及导出文件的路径，如图4-29所示。设置完成后单击“开始”按钮，渲染视频文件。

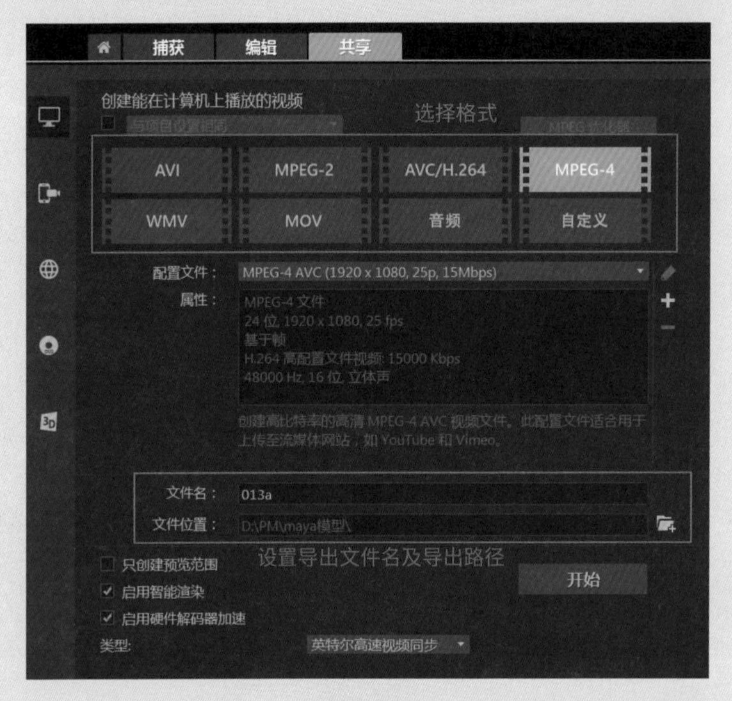

图4-29

第5章 视频格式的转换工具——《格式工厂》

视频格式是视频文件在显示终端是否能流畅播放的关键因素，这个环节看似不影响动画的内容设计，但实际上却给具体的工作带来很多困扰。原本清晰、流畅的动画视频因为更换计算机进行展示而无法打开，可能导致之前的工作前功尽弃。

在视频编辑领域可以进行动画文件格式转换的软件很多，《格式工厂》就是操作简单且功能相对齐全的一款软件。在本章中，将以《格式工厂》软件的操作为例，分析格式转换的常见方式，并区分视频格式在科研领域常见的使用情景。

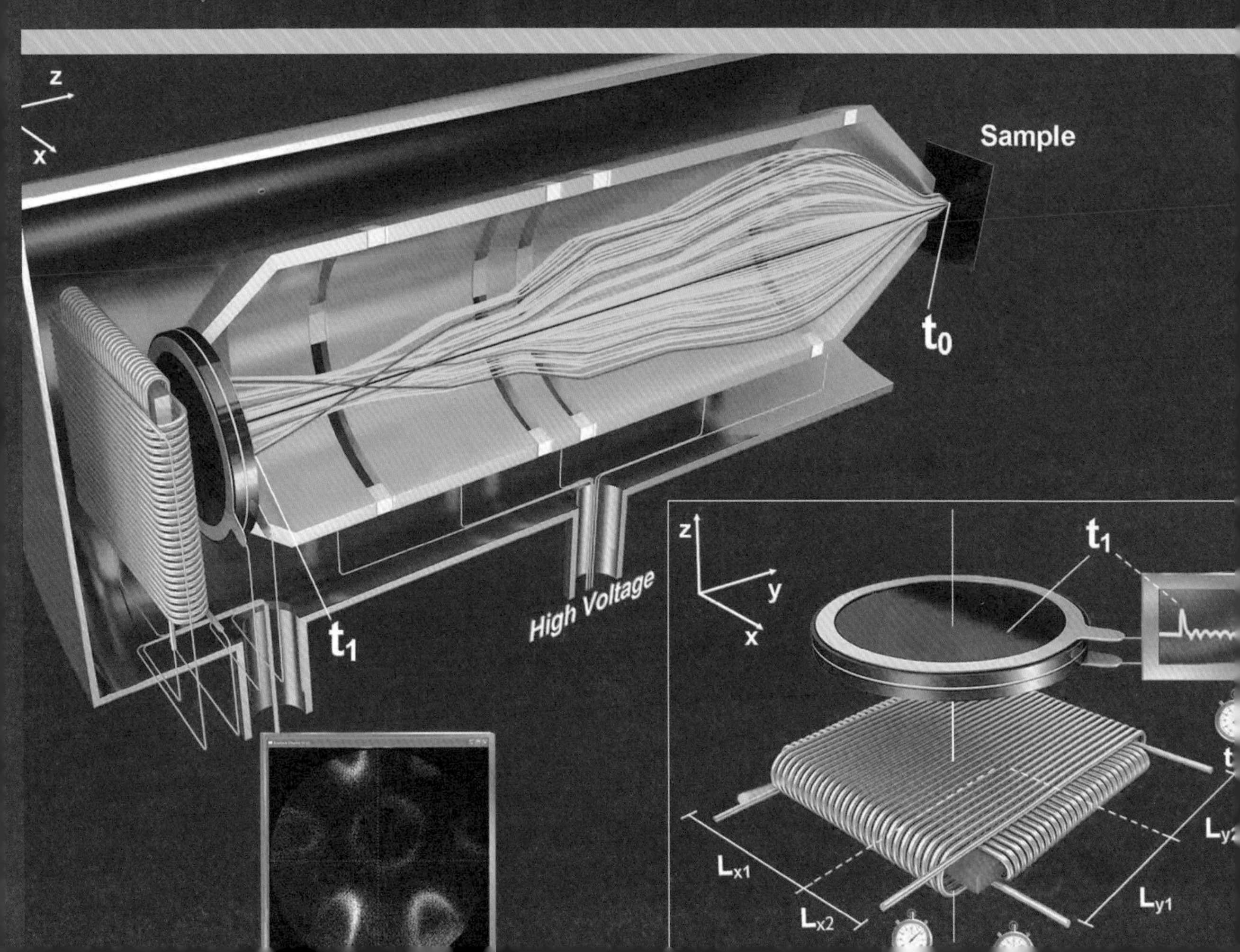

5.1 《格式工厂》的界面

《格式工厂》是一款免费的国产软件，转换视频格式的效果很好，近几年更新的版本也逐渐增加了音频、图像等格式的转换功能。进入《格式工厂》软件的主界面，可以看到其界面非常简单，主要功能都通过单击按钮实现，如图 5–1 所示。

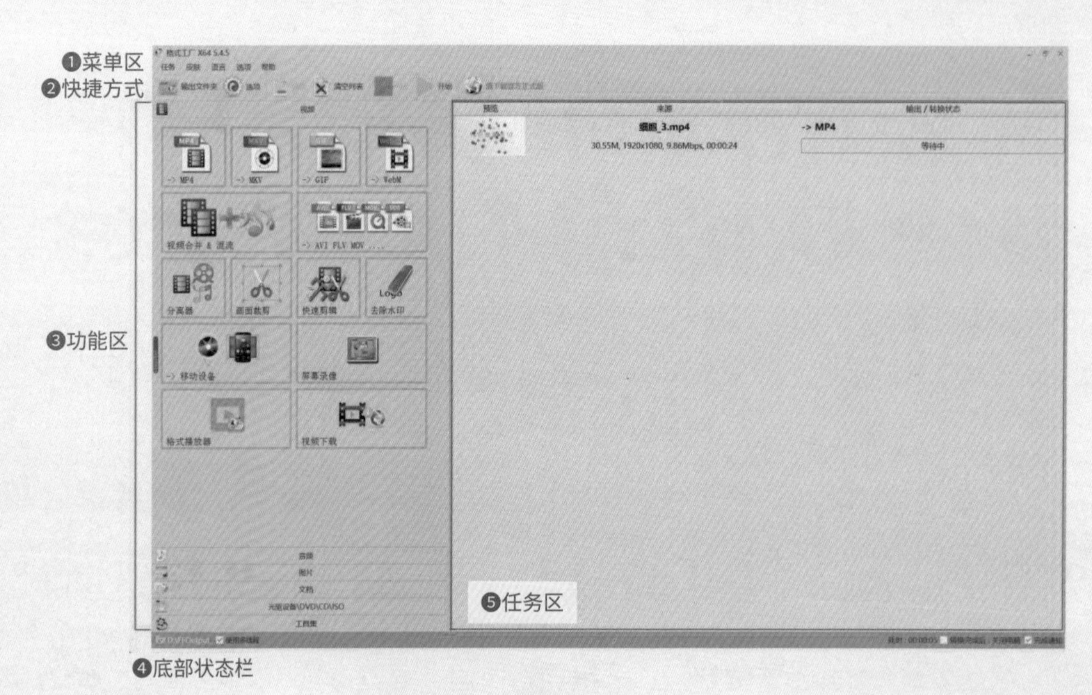

图5–1

1. 菜单区

《格式工厂》软件中的主要操作可以通过单击相应的按钮完成，菜单区中只提供了与软件基础设置相关的一些命令。

2. 快捷方式

在软件顶部的快捷方式区中，主要分布着针对软件中的任务队列的常规操作按钮，如图 5–2 所示。

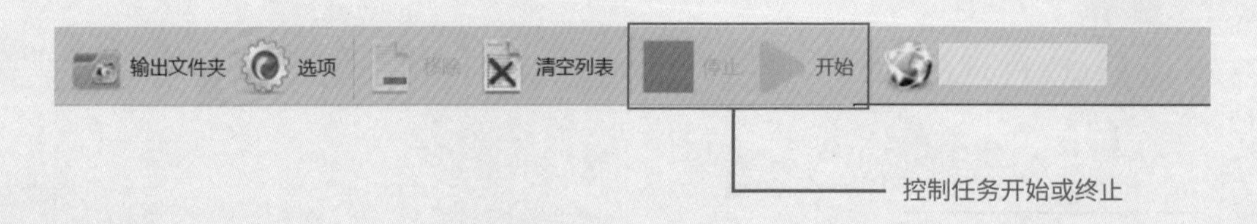

图5–2

（1）输出文件夹：当格式转换完成后，单击“输出文件夹”按钮，可以直接进入文件所在的文件夹以查看文件。

（2）选项：单击“选项”按钮打开“选项”面板，设置格式转换的相关属性，如图 5-3 所示。

图5-3

（3）移除：单击该按钮，将任务列表中的失败信息或者已经完成的信息删除。

（4）清空列表：单击该按钮，清除任务列表中的所有信息。

（5）停止：单击该按钮，停止或者中断正在转换中的任务。

（6）开始：在任务列表中增加需要转换的任务后，单击该按钮开始转换。

3. 功能区

功能区以分类选项卡的形式分布软件的主要转换功能，软件默认进入“视频”选项卡，如图 5-4 所示。

视频选项卡的前半部分为 MP4、MKV、GIF 等各种转换的目标格式，以及视频转换合集；后半部分是对视频的常规处理。

展开“音频”选项卡，可以对音频文件的常用格式进行转换，如图 5-5 所示。

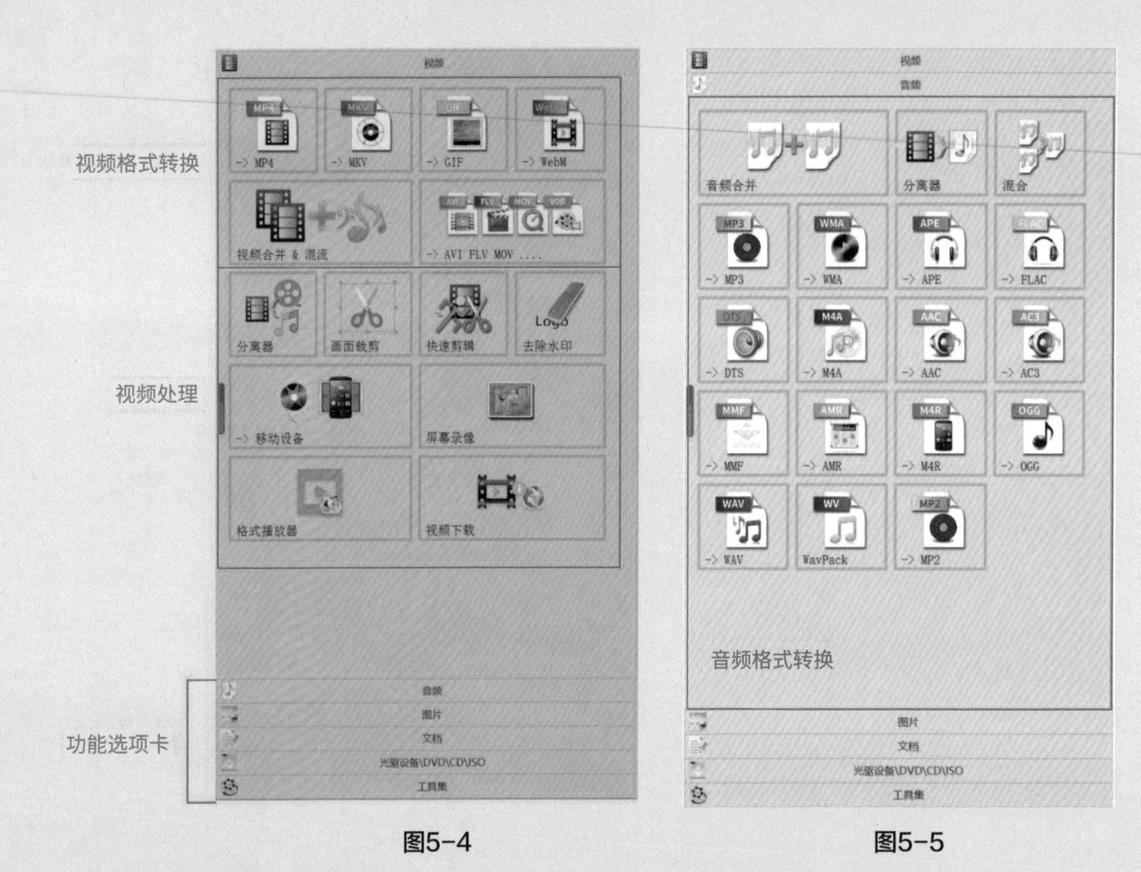

图5-4　　图5-5

4. 底部状态栏

在底部状态栏中会展示一些相关的转换格式信息，如图 5-6 所示。

图5-6

（1）文件存储路径：提示文件转换之后存储文件的路径。

（2）文件转换时间：提示格式转换共计要使用的时间。

（3）“转换完成后：关闭电脑”：选中该复选框，在转换任务完成后，自动关闭计算机；反之，则任务完成后不会关闭计算机。

（4）完成通知：选中该复选框，在转换格式完成后会发出提示通知；反之，不会提示。

5. 任务区

当视频选择要转换的格式，以及相应的编码之后，会在任务区中形成一个任务。《格式工厂》可以对多个视频分别进行格式转换，允许在任务区中生成多个任务，也可以将同一视频文件转换为多种不同的格式，在任务区形成多个任务排列的状态，如图 5-7 所示。

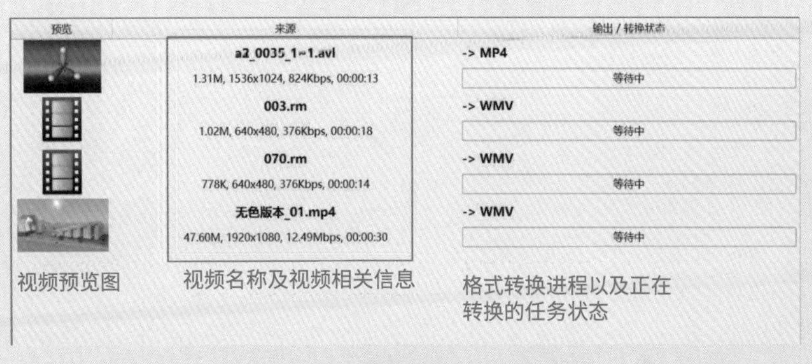

图5-7

5.2 WMV 格式获取方法

WMV 是 Windows Media Vedio 的缩写，是 Windows 操作系统默认的视频格式。在 Windows 系统中不需要安装其他播放器就可以播放该格式的视频，是科研领域常用的视频格式之一。

下面以 WMV 格式为例，讲解《格式工厂》的格式转换方法。

步骤1：启动《格式工厂》软件，在“视频”选项卡中单击->AVI FLV MOV...按钮，如图5-8所示。

图5-8

步骤2：在弹出的对话框中单击“添加文件”按钮，添加要转格式的文件，如图5-9所示。

图5-9

① “添加文件”按钮在对话框中心位置，在右下角的位置有一个相同的按钮，除了可以单独添加视频文件，也可以直接添加文件夹，将文件夹中的视频批量导入。

② 在“输出格式”下拉列表中，可以选择要输出的格式，如 WMV，如图 5-10 所示。

图5-10

③ 选择输出格式之后，单击“输出配置”按钮，进入设置该格式对应的编码及质量预设的“视频设置”对话框，如图 5-11 所示。

如果对编码格式不是很熟悉，可以只选择质量与大小的预设来选择需要压缩视频的质量，配置列表中按照默认标准进行设置即可，单击“确定”按钮，回到 ->WMV 对话框。

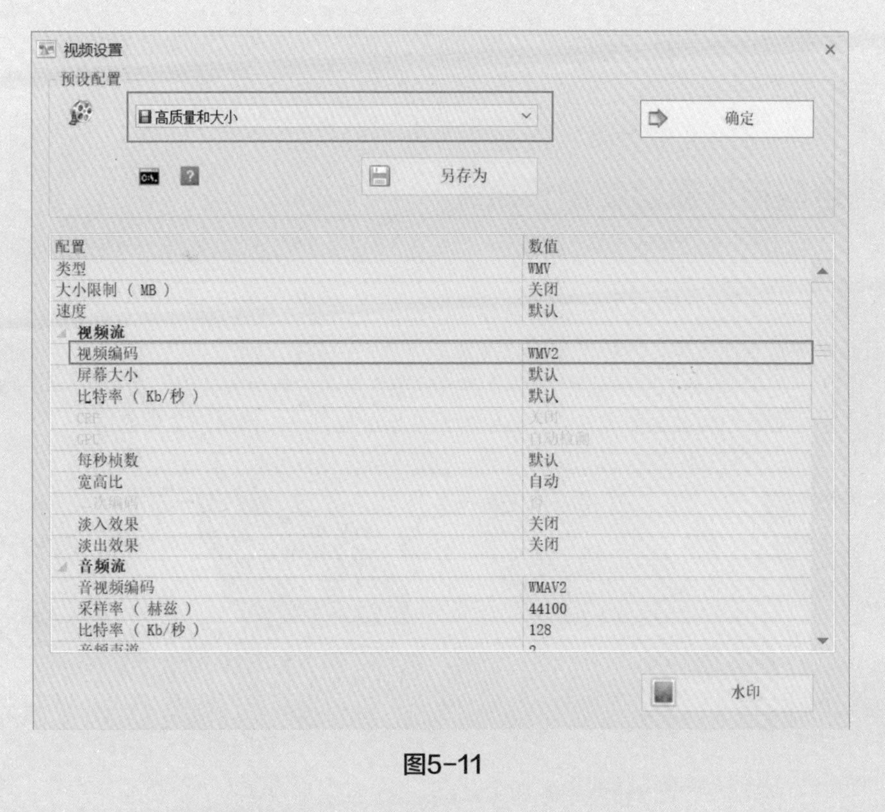

图5-11

④ 选择输出路径，系统默认格式转换后得到的视频文件存入《格式工厂》软件默认的路径。为了方便查找文件，可以在“选择输出路径”下拉列表中选中“输出至源文件目录”选项，格式转换后的视频文件将存入与原始视频相同的文件夹中，如图 5-12 所示。

图5-12

步骤3：选择好适当格式和导出路径后，单击“确定”按钮，完成要转换的格式设置，自动返回软件主界面。此时在软件主界面中会形成一个待执行的记录，如图5-13所示，如果要继续转换其他文件格式，可以在软件主界面的右侧选择要转换的格式，并重复前面的操作。

图5-13

步骤4：完成所有的转换视频格式设置后，单击“开始”按钮，视频进入转换过程，视频转换完成后软件会提示完成。

5.3 结合应用场景理解视频格式

视频文件需要在不同的终端上播放，还会涉及不同的播放器，所以造成了各种视频格式可能不兼容的问题。近年来随着智能手机、网络平台的快速发展，播放器软件企业也对其研发的软件进行了大刀阔斧的升级。所以，使用视频格式也要比使用图像格式时花费更多的精力去认识、去分辨，如图5-14所示。为了方便读者记忆本节的内容，本节将结合科研领域使用的场景来讲解视频文件的格式。

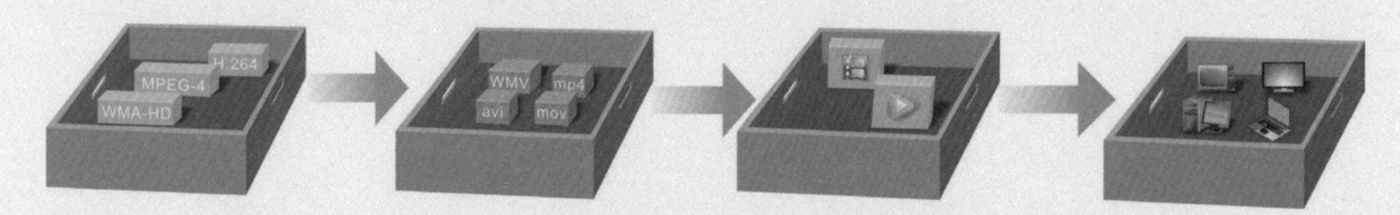

图5-14

1. 最原始的视频格式

无压缩的AVI格式：视频文件从合成软件中导出时，经常以无压缩AVI的格式出现，该格式的视频画面质量最好，但是文件尺寸很大，经常为几GB甚至十几GB的大文件，不仅计算机的存储量会大幅增加，网络传播更是难上加难，甚至在有些计算机中播放时，还会出现卡顿的现象。

带压缩的AVI 格式：将原始的AVI格式通过格式软件进行编码压缩，通过选择不同的压缩编码，将视频文件的尺寸大幅缩小，以方便网络传播和播放，当然压缩是以降低图像质量为代价的。

2. 基于操作系统的视频格式

MOV格式：该格式是Mac os操作系统的默认视频格式，虽然该格式会进行一定幅度的压缩，但是画质还是比较好的，视频制作者经常会用高品质的MOV格式取代原始视频文件，以保存视频的高清版本。在Windows操作系统中使用MOV格式需要下载苹果公司出品的QuickTime播放器。

WMV格式：Windows操作系统的默认视频格式，在Windows操作系统中不需要安装额外的播放器即可播放这种视频格式文件，WMV也是科研领域经常嵌入PPT文件中使用的视频格式。

3. 适合PPT的视频格式

Gif 格式：Gif格式动画也称为GIF动态图，其不仅适用于网络传播和播放，在PPT中插入Gif格式视频文件还可以自动播放，而且是自动循环播放的，这种播放方式也是科研动画中单镜头动画最喜欢的呈现方式。

4. 适合网站的视频格式

MP4格式：MP4格式是当下最常用的网络视频格式，该格式的编码让视频在网络和手机终端都能快速、流畅地播放，且文件尺寸较小、画面质量较高，深受网络视频用户的喜爱。在课题组网站的成果展示中，MP4格式的嵌入可以让科研动画为更多人所见。

MKV格式：MKV格式是常见的网络视频封装格式，对于科研领域而言，视频文件很少采用MKV格式，但是在网络中下载的视频文件有很多是这种格式的，如果要进行二次编辑，需要将MKV格式转换为可以编辑的AVI或者MP4格式。

以上几种视频格式只是科研领域常见且常用的格式，其他格式还有很多，可以按照自己的习惯使用，在此就不一一列举了。

5.4 用《格式工厂》获取项目汇报的片段素材

《格式工厂》软件除了可以进行文件格式转换，还可以用于在视频素材中节选部分视频画面，或者节选部分视频段落。视频截取分为两种情况，一种情况是对已经拍摄的视频截取部分内容；另一种情况是对已经拍摄好的视频截取部分画面。下面分别讲解通过《格式工厂》软件获得这两种类型视频片段的方法。

5.4.1 截取部分视频片段

步骤1：启动《格式工厂》软件，单击“快速剪辑”按钮，如图5-15所示。

图5-15

步骤2：在弹出的对话框中单击“添加文件”按钮，添加的视频文件会在对话框中生成一个待处理的文件，单击“剪辑”按钮，如图5-16所示，进入剪辑面板。

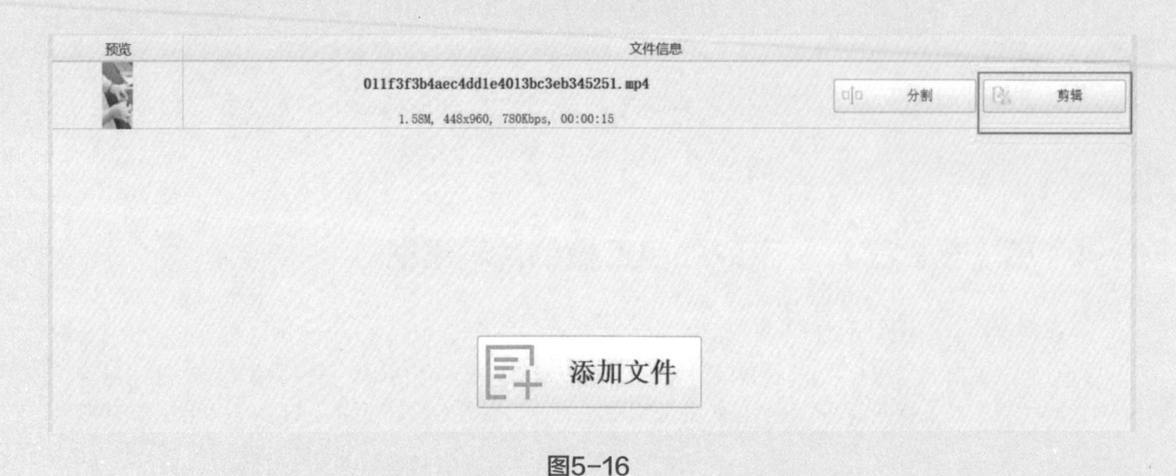

图5-16

步骤3：拖动游标选择希望裁切的时间点，也可以边播放边选择，将游标停止在相应的位置，单击“开始时间”按钮记录起始位置，如图5-17所示。

图5-17

步骤4：拖动游标或播放视频，选择终止时间点，单击“结束时间”按钮设置结束点，如图5-18所示。

图5-18

步骤5：单击“确定”按钮，可以看到视频剪辑提示信息，如图5-19所示。

图5-19

步骤6：单击“确定”按钮回到主界面，单击“开始”按钮提取并转换视频文件。

5.4.2 截取部分画面

步骤1：启动《格式工厂》软件，单击“画面裁剪”按钮，如图5-20所示，在弹出的文件夹中选择要剪辑的文件。

图5-20

步骤2：进入裁剪面板，在画面上单击并拖曳定义橘色的裁剪框，选框内为待保留的区域，如图5-21所示。

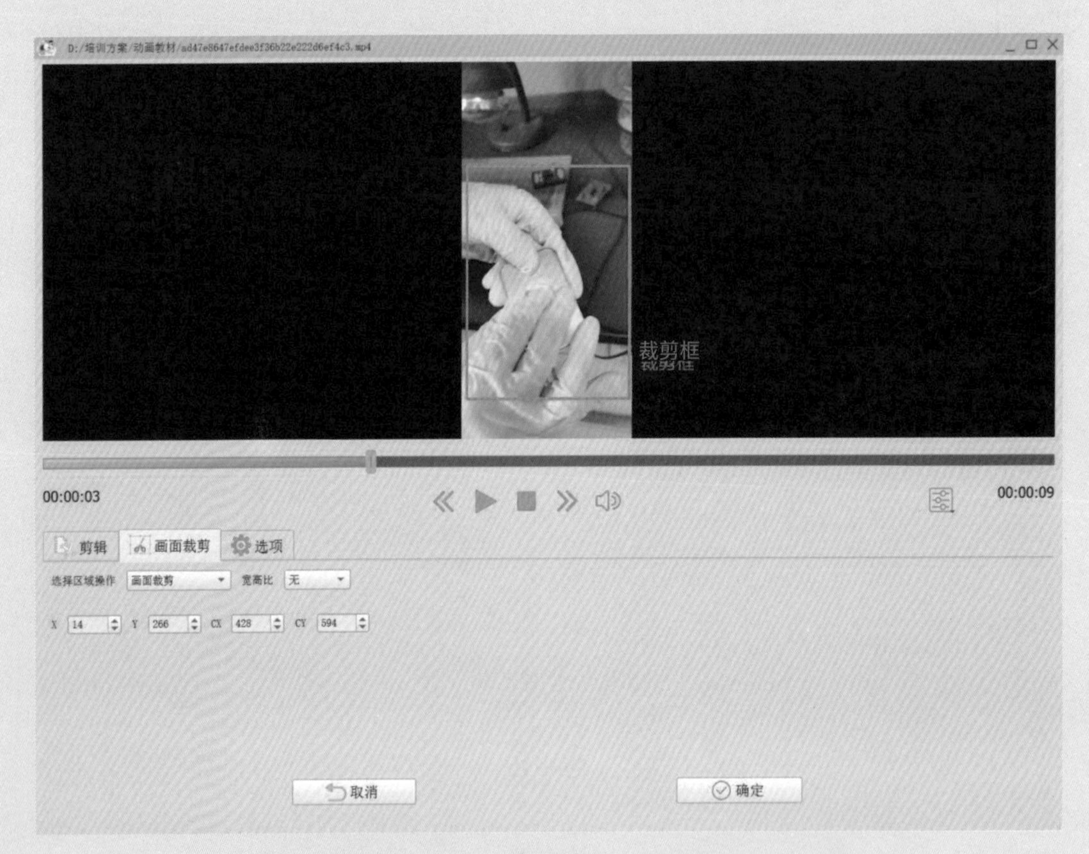

图5-21

步骤3：确认选取画面后，单击“确定”按钮，回到列表面板，在视频下方可以看到裁剪后画面的相关提示信息，如图5-22所示。

图5-22

步骤4：单击“确定”按钮回到主界面，单击“开始”按钮进行视频文件格式的转换。

对于不需要复杂处理的视频片段，用《格式工厂》软件进行简单的处理，在文件格式转换的同时，处理画面裁剪和时长剪辑更简单、快捷，比使用大型视频剪辑软件进行操作更有效率。

特殊动画篇

第6章

由科技图像直接生成的简单动画——Photoshop动画模块

Photoshop 简称 PS，是大家熟知的平面图像处理软件。本章重点讲述用 Photoshop 处理动态图像生成科研领域所使用的原理动画的方法，对该软件其他方面的功能和使用方法不再一一详解。

6.1 认识 Photoshop 时间轴

在 Photoshop 中打开一幅经过该软件处理的图像，可以看到图像保留了原始的图层，如图 6-1 所示。

图6-1

执行“窗口”|“时间轴”命令，调出“时间轴”面板，如图 6-2 所示。

图6-2

将鼠标指针放在时间轴面板的边缘，当鼠标指针变为上下箭头时拖曳“时间轴”面板边框，将其尺寸扩大，如图 6–3 所示。

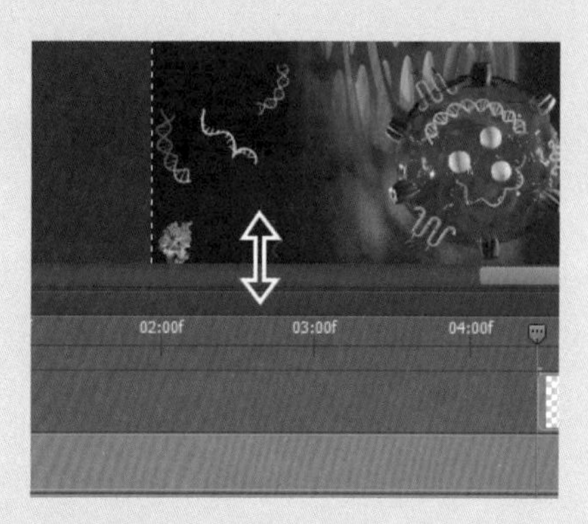

图6–3

Photoshop 其他功能的使用方法可以查阅相关书籍，在此主要介绍“时间轴”面板的使用和功能设置方法，如图 6–4 所示。

图6–4

① 顶部控制区：“时间轴”面板顶部的控制区可以对调整好的动画进行播放预览，通过单击相应的按钮，实现动画的播放、倒播、逐帧播放等。除了播放控制，顶部控制区还有两个重要工具——“剪切素材”和“增加转场”，如图 6–5 所示。

图6–5

单击“剪切素材”按钮，可以从游标所在位置，将选中的图层轨道素材剪切为两段。

单击并按住“增加转场”按钮，可以弹出转场列表，从中选择要添加的转场效果，并拖至要添加转场的图层轨道上，如图 6-6 所示。

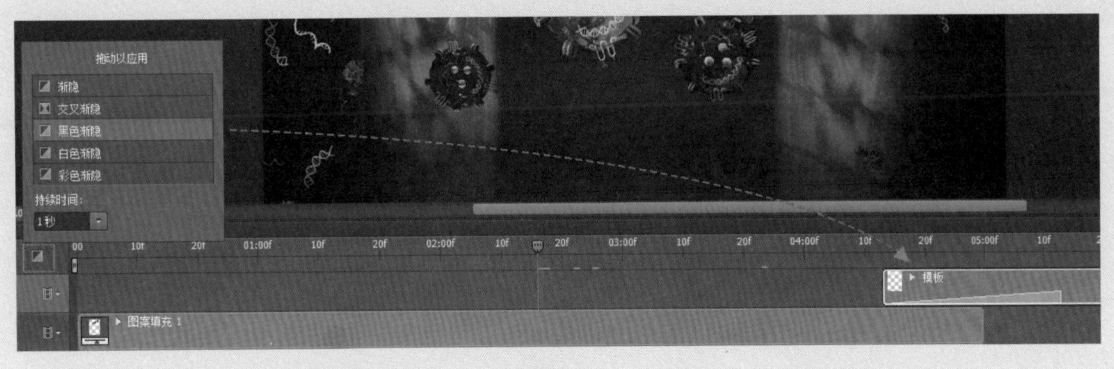

图6-6

② 动画游标：与其他动画软件类似，动画游标所在的位置是当前动画播放的位置，拖曳游标可以查看动画的播放效果。

③ 时间轨道区：Photoshop 是将原始图像中的所有图层转换为时间轨道上的素材图层，图层的上下顺序是原始图像的叠加顺序，也就是上面图层中的图像遮挡下面图层中的图像。调整时间轨道中的素材图层的长度，可以改变该素材在画面中出现的时间长度。

④ 图层关键帧：在“时间轴”面板中，单击每个图层左侧的小三角按钮，可以展开图层动画相关属性，如图 6-7 所示。

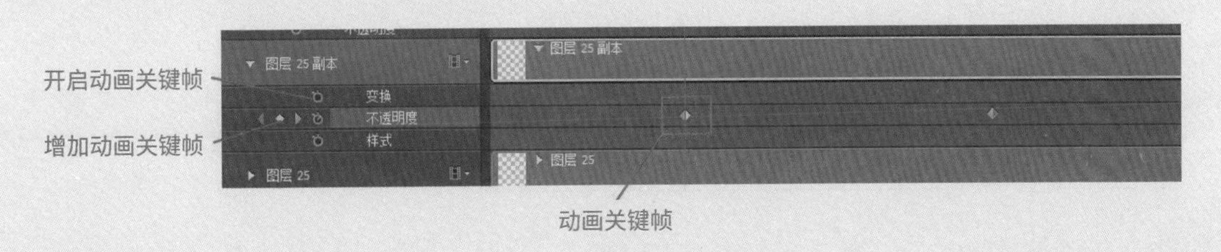

图6-7

单击“开启动画关键帧”按钮，将图层对应的属性设置为开启关键帧状态。开启关键帧后，在游标所在位置调整该动画属性参数，将自动生成关键帧。如果要为图层手动增加关键帧可以单击“增加动画关键帧”按钮，当该按钮被点亮时（显示为黄色），在游标所在位置产生新的关键帧，再次单击“开启动画关键帧”按钮，可关闭该属性的关键帧状态。

⑤ 状态提示栏：在状态提示栏中显示视频的时间长度和帧速率等，如图 6-8 所示。

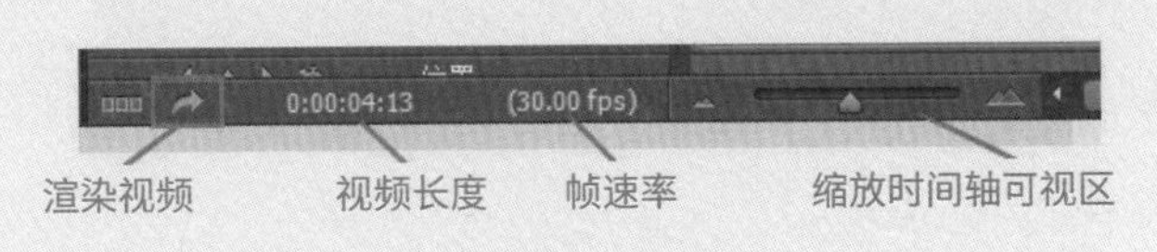

图6-8

在底部状态提示栏中有一个“渲染视频”按钮，单击该按钮，可以将制作完成的动画以序列帧或视频格式渲染输出，单击“渲染视频”按钮，在弹出的“渲染视频”对话框中设置输出路径和文件格式，单击“渲染”按钮开始输出文件，如图 6-9 所示。

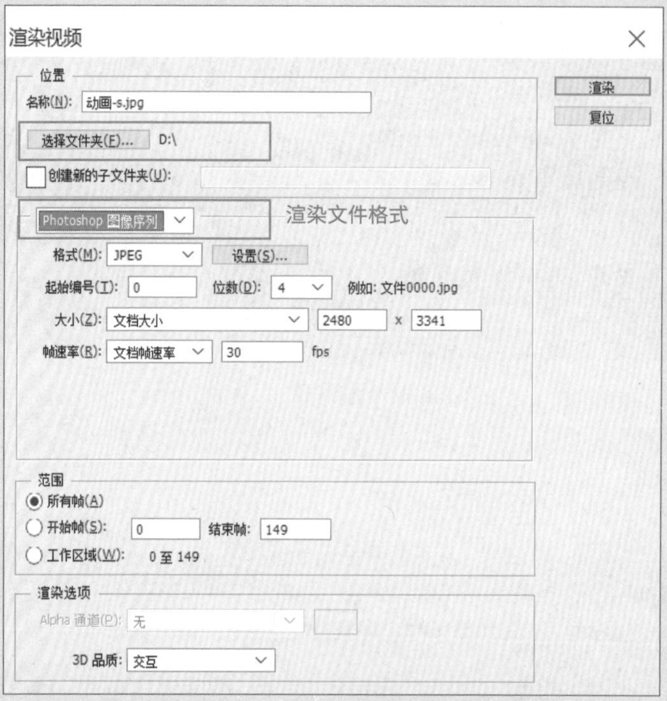

图6-9

状态提示栏中还展示了当前动画播放的时间点 0:00:03:15，依据游标播放位置，提示当前时间点。

状态提示栏中提供了“缩放控制”控件，拖动其中的滑块可以放大或者缩小时间轴区域的显示比例，以便仔细查看关键帧所在的位置，或者准确调整关键帧的位置。

6.2 用时间轴制作基础单镜头动画

步骤1：确定Photoshop并打开相应的文件，如图6-10所示。

提示

在静态图像设计中，为了达到更好的视觉效果，同一元素可能会分布在多个图层中，在制作动画前，需要将同一元素的多个图层合并，尽可能做到同一元素同一图层，否则在生成动画图层时，图层轨道过多，不仅混乱而且操作困难。

图6-10

步骤2：检查当前文件的图层，将图层中的相关元素合并为一个图层，如图6-11所示。

图6-11

步骤3： 执行“窗口”|“时间轴”命令，调出“时间轴”面板，此时系统默认创建简单的帧动画时间轴。

步骤4： 单击“转换为视频时间轴”按钮，将时间轴切换为可以调整每个图层动态效果的视频时间轴状态，如图6-12所示。

图6-12

步骤5： 在图层区选中要添加动态效果的图层，单击展开时间轴图层左侧的小三角按钮，展开动态参数，如图6-13所示。

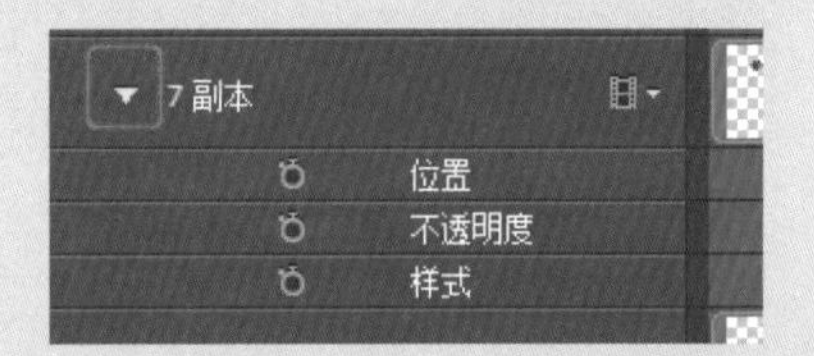

图6-13

当前动画需要做成囊泡从外面进入设备后，受到设备震动波影响产生运动偏移和筛选的效果。在开启动画关键帧前，需要考虑放置游标的位置，当前画面是一个运动得较为平稳的瞬间，而动画效果要在囊泡开启之前和之后。

步骤6： 将游标移至时间轴22帧的位置，如图6-14所示。单击“开启关键帧”按钮，在该位置开启关键帧。

步骤7： 将游标向前拖动，放在起始点位置，在工具箱中选择“移动工具”，将当前图层拖至画面的边缘，在游标所在位置自动生成关键帧，如图6-15所示。

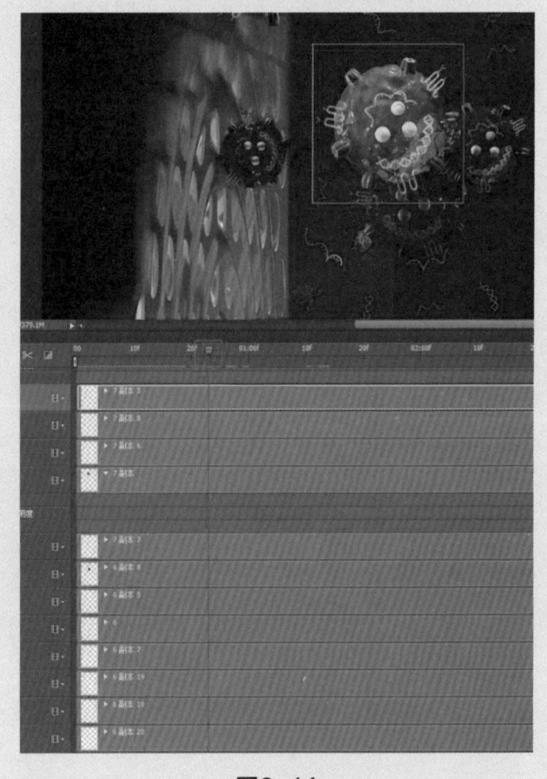

图6-14

步骤8： 单击“播放”按钮▶，预览动画，可以看到元素在画面上移动了。

步骤9： 再次移动游标，估算该元素运动的下一个时间节点，用“移动工具”改变元素的位置，在该时间点创建新的关键帧，如图6-16所示。

图6-15　　图6-16

步骤10： 为画面中的其他元素分别设置移动关键帧，完成之后预览动画效果。执行“文件”|“存储”命令，保存文件，如图6-17所示。

图6-17

Photoshop制作的动画工程文件以分层形式存储为PSD格式，以备后期调整。

步骤11：存储文件后单击“渲染动画”按钮，或者执行“文件”|“导出”|“渲染视频”命令，导出视频文件，如图6-18所示。

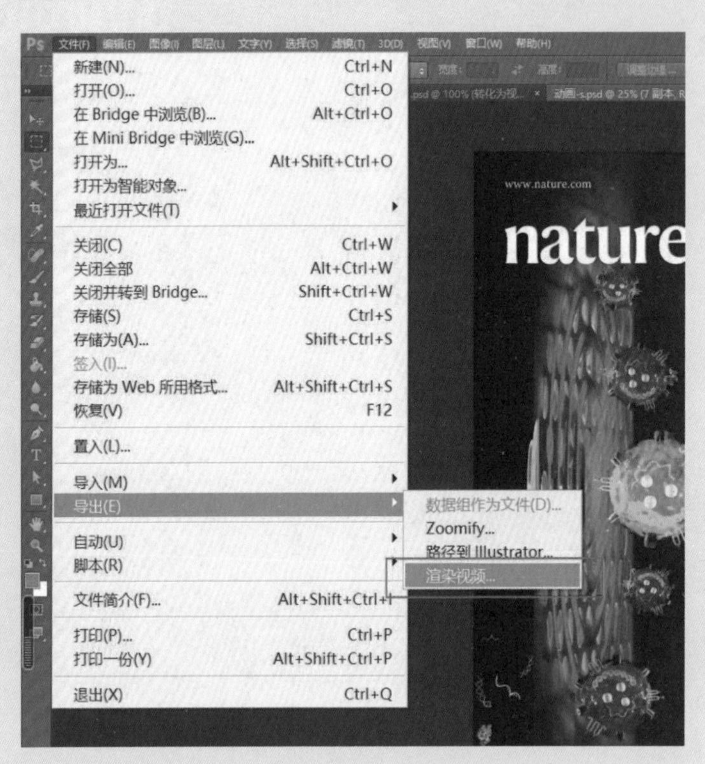

图6-18

Photoshop渲染输出的视频文件，也可以通过《格式工厂》进行文件格式转换。

6.3 用时间轴制作形变的单镜头动画

步骤1：启动Photoshop并打开文件，将文件中同类元素的图层合并，执行“窗口”|“时间轴”命令，调出“时间轴”面板，如图6-19所示。

步骤2：找到白光和彩色光所在的图层，选中图层并向后拖曳，如图6-20所示。

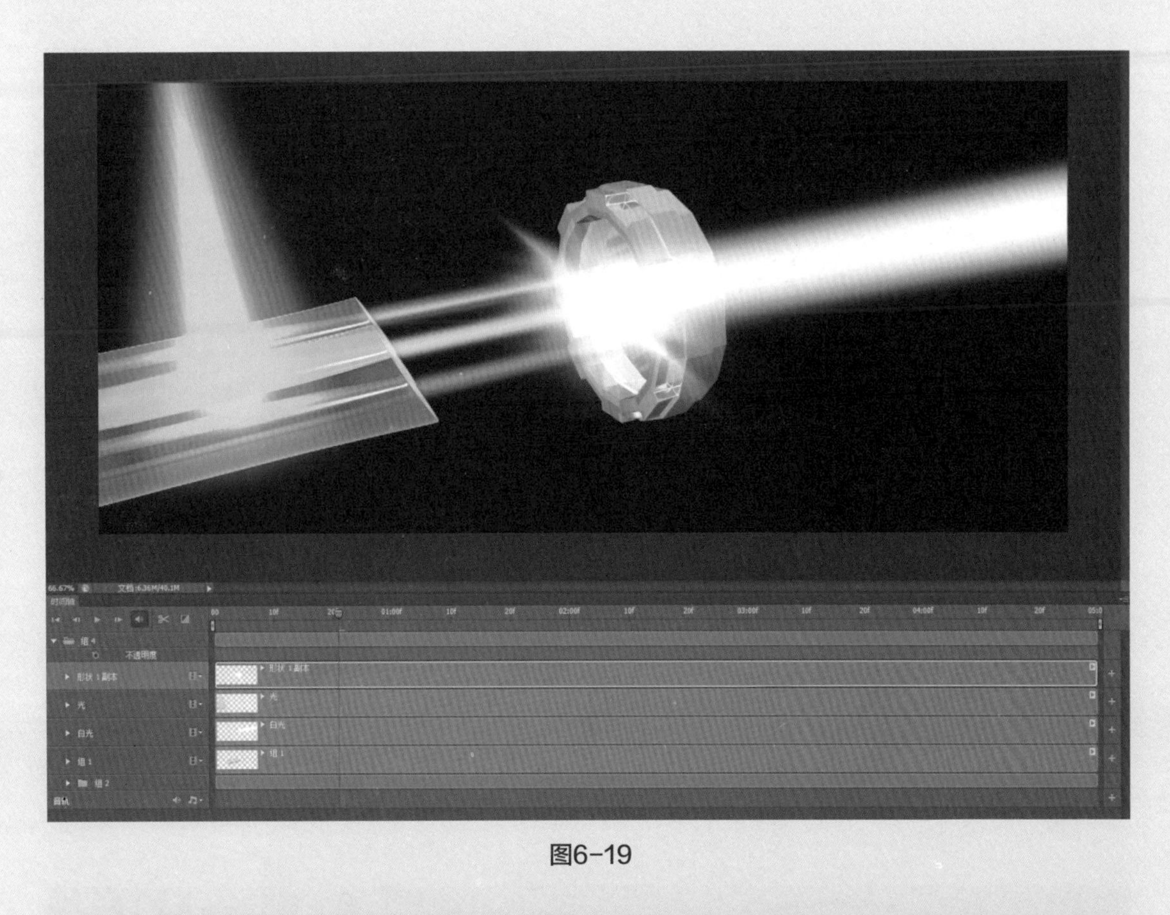

图6-19

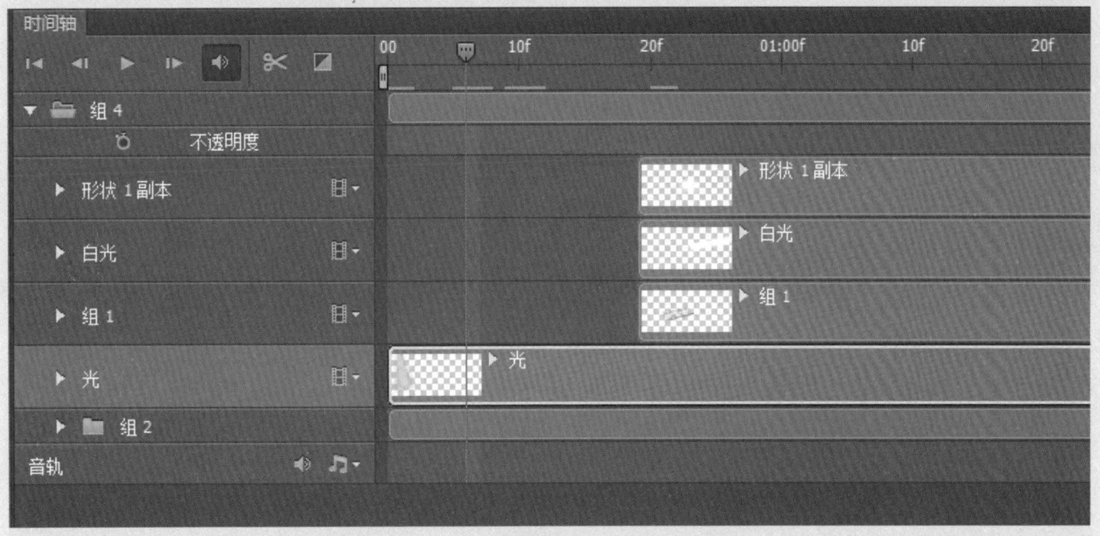

图6-20

步骤3： 选中“时间轴”面板中的“剪刀工具”，在游标所在位置单击，将图层分为两段，如图6-21所示。

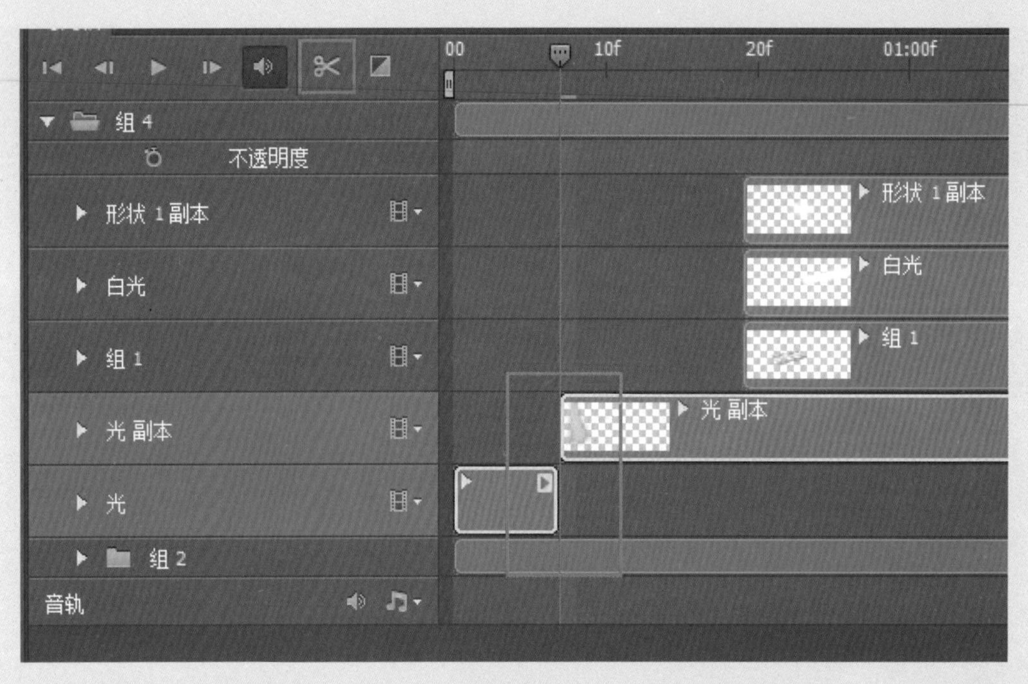

图6-21

步骤4：将鼠标指针移至剪切后的前半段，选中“图层”面板中对应的图层，在工具箱中选择“橡皮工具”，擦除下半部分的光线，如图6-22所示。

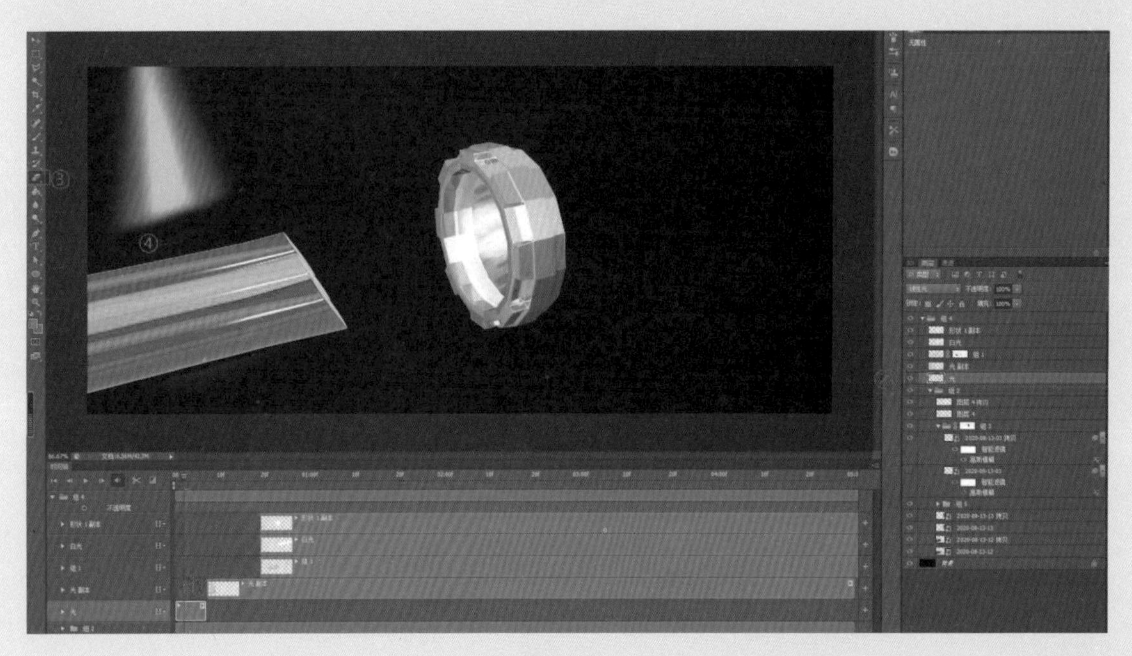

图6-22

步骤5：移动鼠标指针，继续切分蓝色光图层，重复步骤4的操作，让光线缓慢生长，如图6-23所示。预览动画，可以看到蓝光逐渐照射在三色材料上。

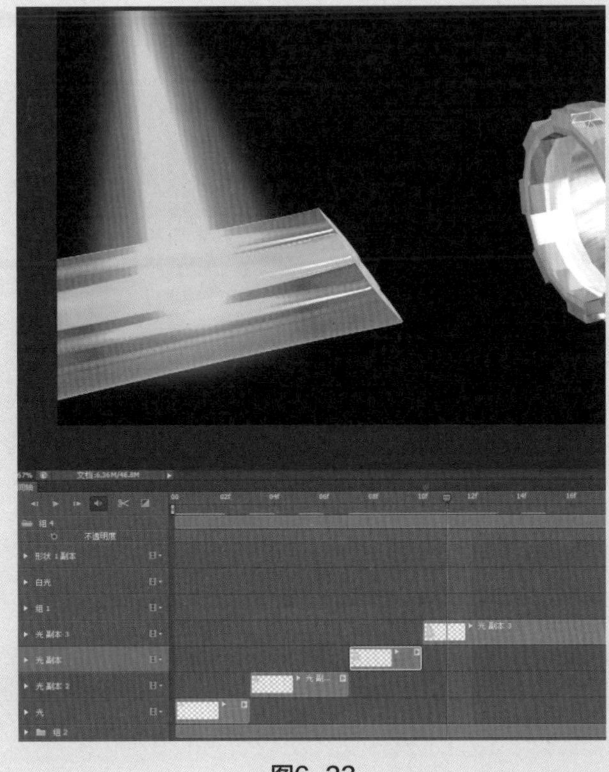

图6-23

步骤6：采用同样的方法处理从三色材料中射出的三色光，如图6-24所示。

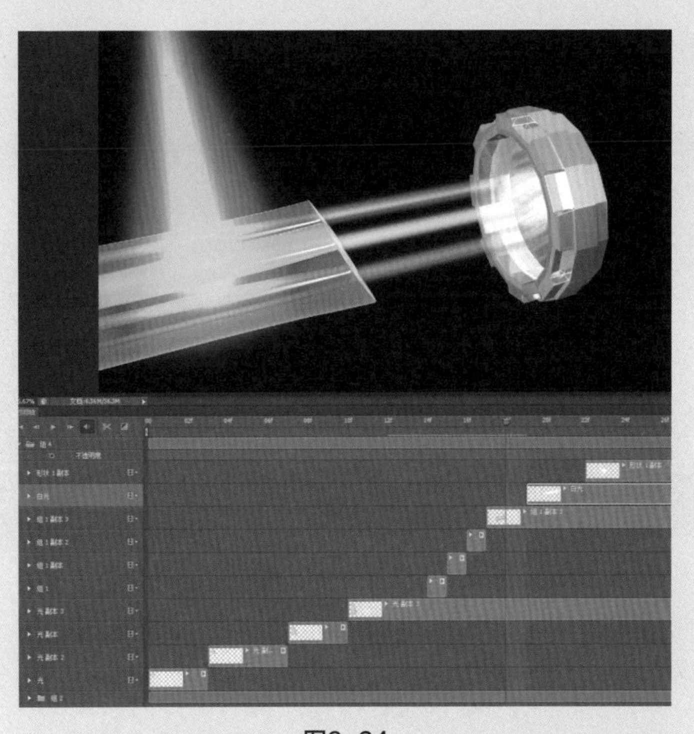

图6-24

步骤7： 选中白光图层，执行“编辑”|“变形”|“透视”命令，调整白光形状和尺寸，如图6-25所示。

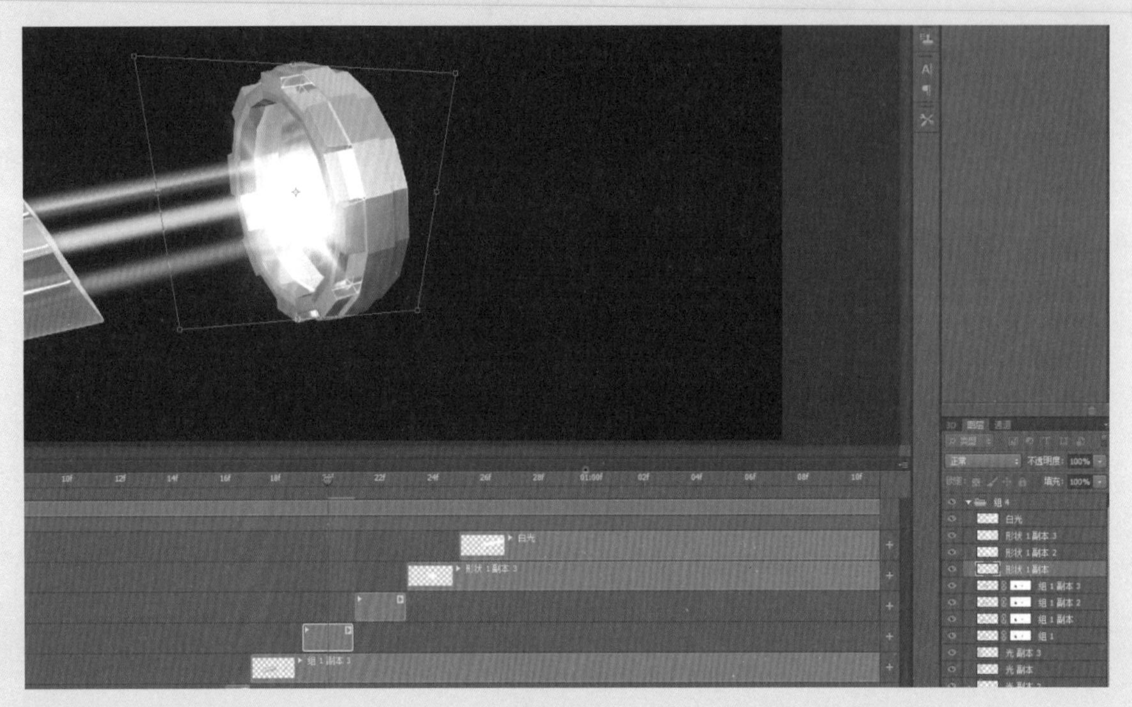

图6-25

步骤8： 分层处理照射的白光，完成动画的制作，如图6-26所示。

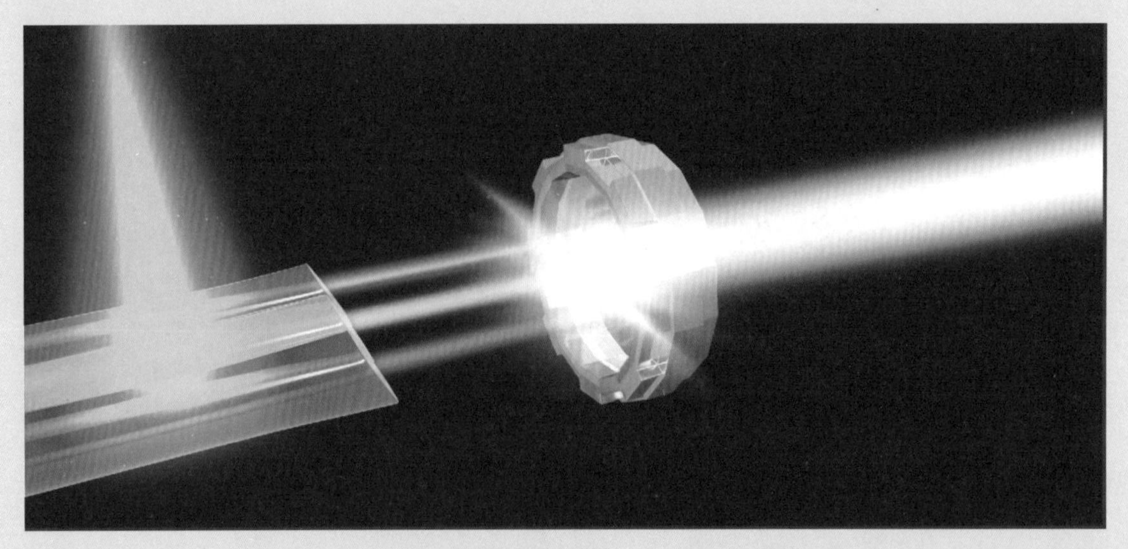

图6-26

第7章 制作让科技图像更有意境的动画——PhotoMirage

PhotoMirage（海市蜃楼）是由 Corel 公司推出的新型动画生成软件，与常规的动画软件不同，PhotoMirage 操作步骤简单，可以基于已有图像进行动态效果的叠加，通过简单的几步，即可将图像转换为具有一定意境的动态效果，对科研动画制作来说具有高效、便捷的优势。

7.1 认识海市蜃楼界面

启动 PhotoMirage 软件，进入该软件的操作界面，如图 7-1 所示。

图7-1

PhotoMirage 软件界面非常简洁，大多数操作都有对应的按钮，可以通过单击按钮完成动画设置操作。

1. 工作区

工作区是 PhotoMirage 软件中对图像进行操作的主要区域，在工作区中添加图像的方法有以下两种。

（1）单击 Open 按钮，打开图像文件，如图 7-2 所示。

图7-2

（2）将图像文件直接拖入图像工作区。

图像进入工作区后自动展开，如图 7-3 所示。

图7-3

2. 菜单栏

PhotoMirage 软件的主要功能命令不在菜单栏中，其中只有“文件”菜单相对比较常用，如图 7-4 所示。

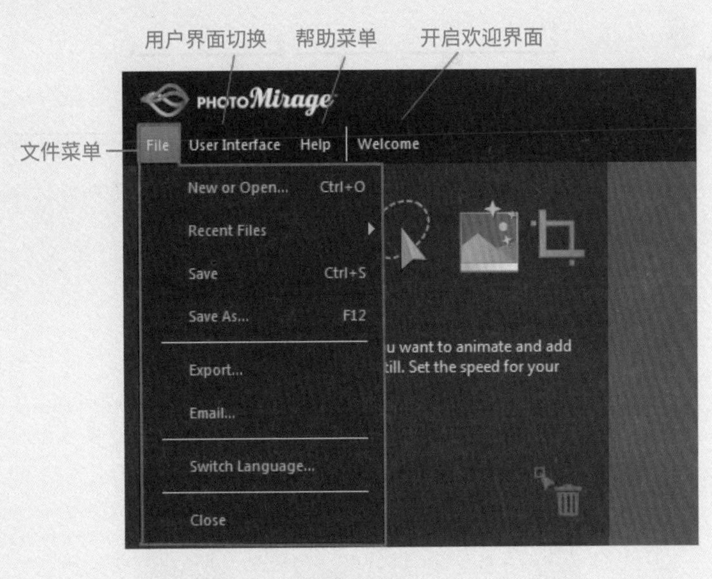

图7-4

3. 工具区

工具区中分布着用于生成动画的主要工具，以及与工具相关的说明和属性调整控件，如图 7-5 所示。

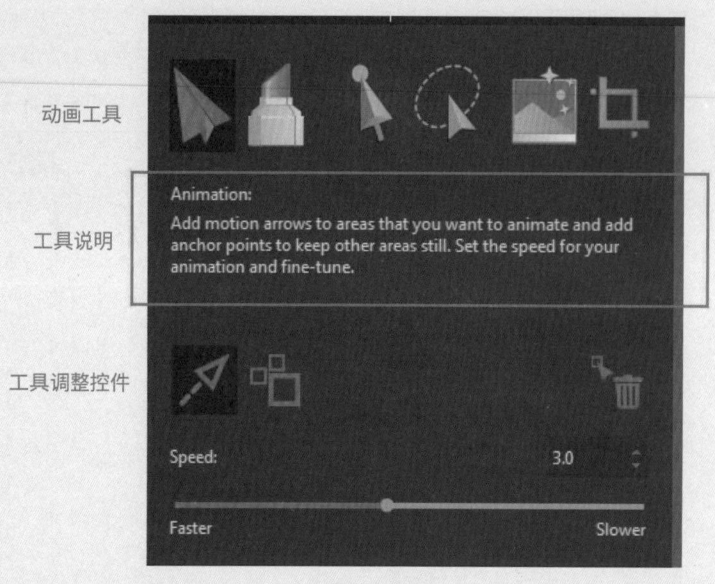

图7-5

工具区中常用工具介绍如下。

（1）动画工具：使用该工具，可以在图像上增加动态锚点和静态锚点，在图像中规划出运动的部分和静止的部分。

（2）遮罩工具：使用该工具，可以在图像上增加遮罩区域，用遮罩来处理画面中的静态区域。

（3）选择工具：使用该工具，可以选中图像上的锚点，单击并拖曳可以移动锚点。

（4）套索工具：使用该工具，可以框选图像上已经设置的锚点，并进行位移。

（5）图像调整：使用该工具，可以通过 PhotoMirage 的智能微调功能对调入的图像进行分析，自动给出最优的画面色彩调整方案。

（6）裁剪工具：使用该工具，可以对调入的图像进行局部裁切，截取特定区域或者截取部分画面并进行动画设置。

4. 图层区

在图层区中可以将原始图像与增加的遮罩、锚点分别放在对应的图层中，如图 7-6 所示。

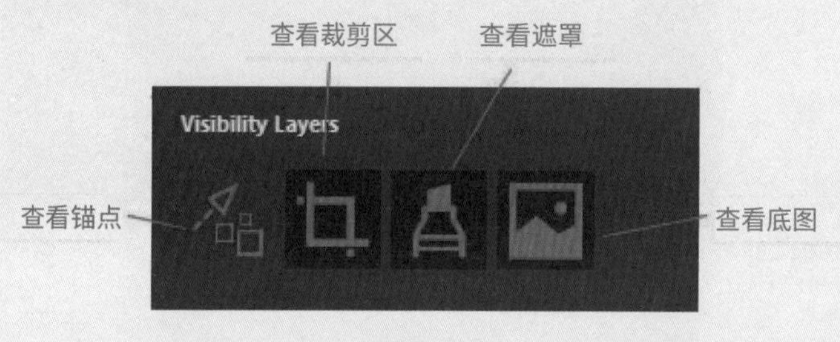

图7-6

在图层区单击对应的按钮使其处于开启状态，在工作区只能看到相应图层中的内容；当该按钮处于关闭状态时，在工作区看不到该图层对应的内容，如图 7-7 所示。

图7-7

5. 预览与导出

（1）在软件左下角的预览区单击 Play 按钮，可以在工作过程中不断查看动画效果，以便进一步调整，如图 7-8 所示。

❸撤销 ❹重来

Play

❶播放预览 ❷分享完成的动画作品

图7-8

（2）单击分享完成的动画作品按钮，将制作完成的动画作品通过电子邮件或者视频文件的形式分享与导出。

（3）单击撤销和重来按钮，撤销已经完成的操作或者对已经撤销的动作重来，快捷键为 Ctrl+Z。

6. 画布缩放与位移

在软件右下角主要分布着关于视图查看的相关工具，以便在增加动态效果的过程中调整锚点等细节，如图 7-9 所示。

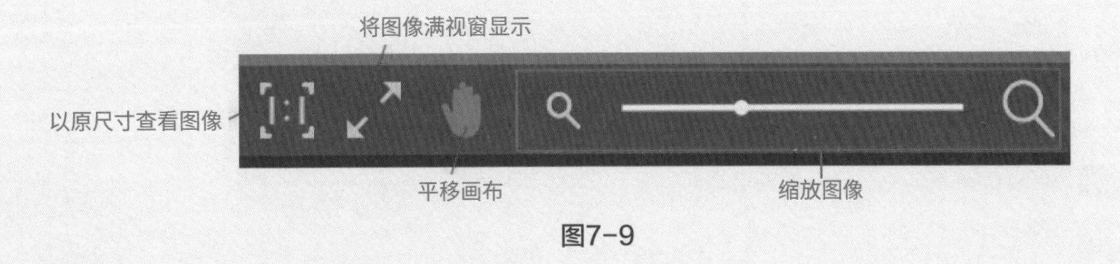

图7-9

1.滚动鼠标滚轮，可以对工作区的图像大小进行调整。

2.当画布放大后在当前视窗中不能完整查看时，使用“平移画布”工具在画布中单击并拖曳可以移动查看的位置。当图像正好匹配视图时，“平移画布”工具会变成灰色。

7.2 为期刊封面图增加动态效果

步骤1：启动PhotoMirage软件，将要增加动画效果的图像打开，如图7-10所示。

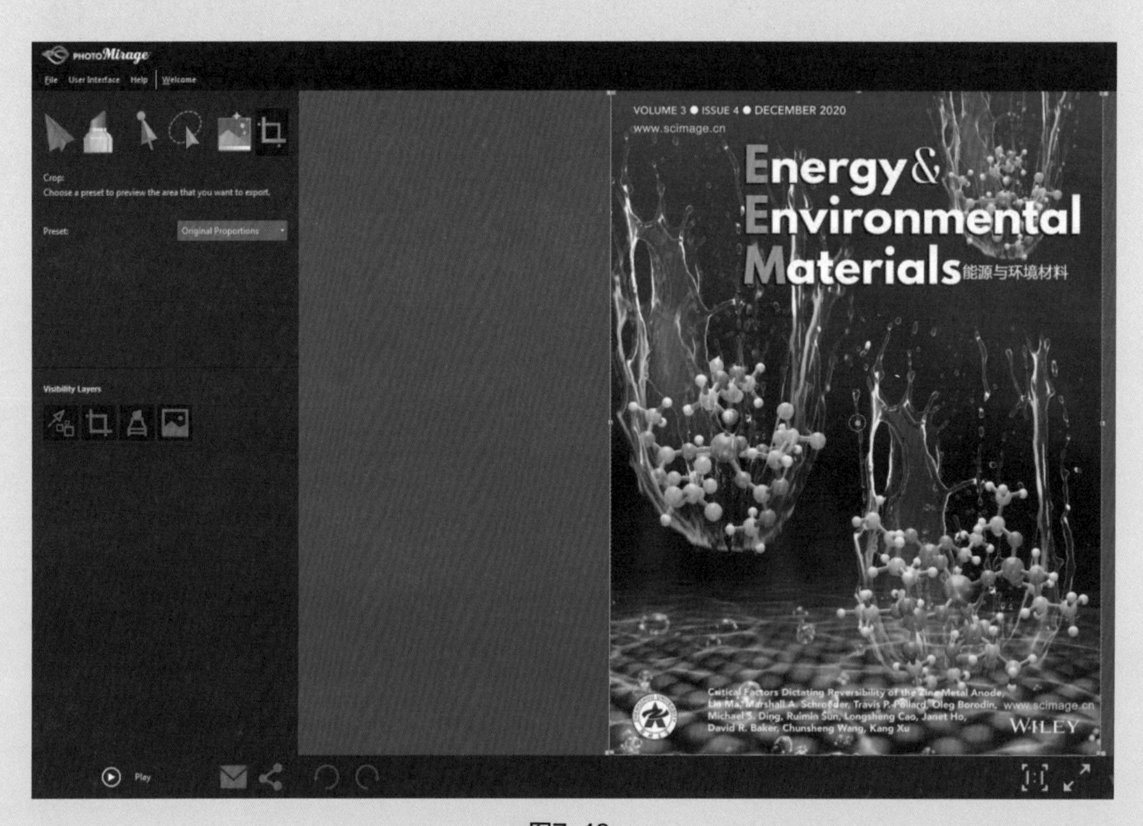

图7-10

步骤2：在工具栏选中“遮罩工具”工具，在遮罩属性区选择圆形笔头或者方形笔头，调整适当的画笔大小，在画面中涂抹产生红色遮罩，如图7-11所示。

在遮罩属性栏中单击“增加遮罩”按钮，可以为画布增加遮罩，单击“去除遮罩”按钮，可以擦除画面中已经绘制的遮罩。

图7-11

步骤3：绘制遮罩且不断调整画笔大小，将画面中希望稳定的区域用遮罩覆盖，如图7-12所示。

图7-12

步骤4：在工具栏中选中“动画工具”，单击“动态锚点”按钮，在画面中单击并拖曳绘制锚点，如图7-13所示。

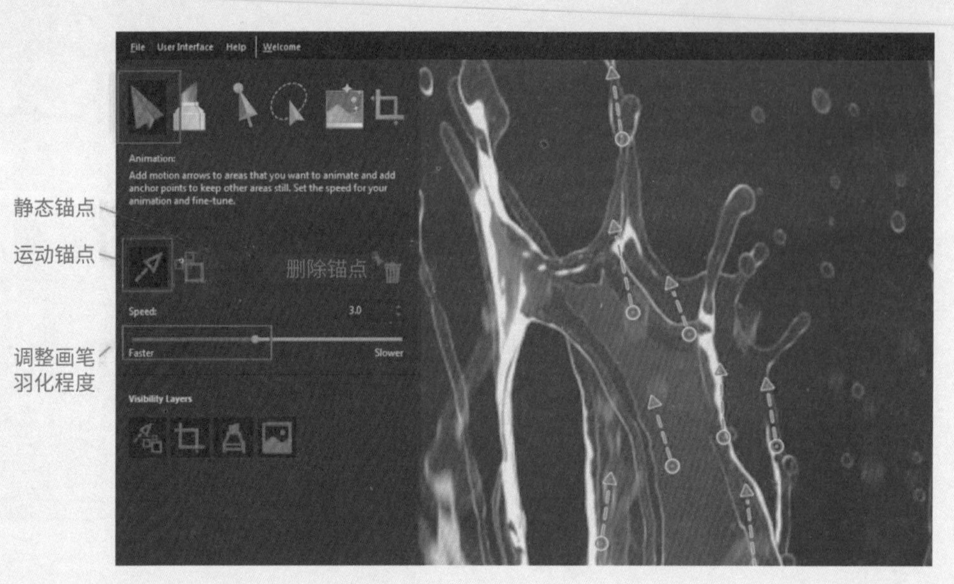

图7-13

步骤5：单击预览区中的Play按钮，播放预览动画，查看画面动态运动的效果，如图7-14所示。

图7-14

步骤6：在工具栏中选中“动画工具”，单击“静态锚点”按钮，在画面中单击并拖曳补充静态锚点，让画面的稳定部分更稳定，如图7-15所示。

图7-15

步骤7：选择File | Save命令，保存工程文件，如图7-16所示。

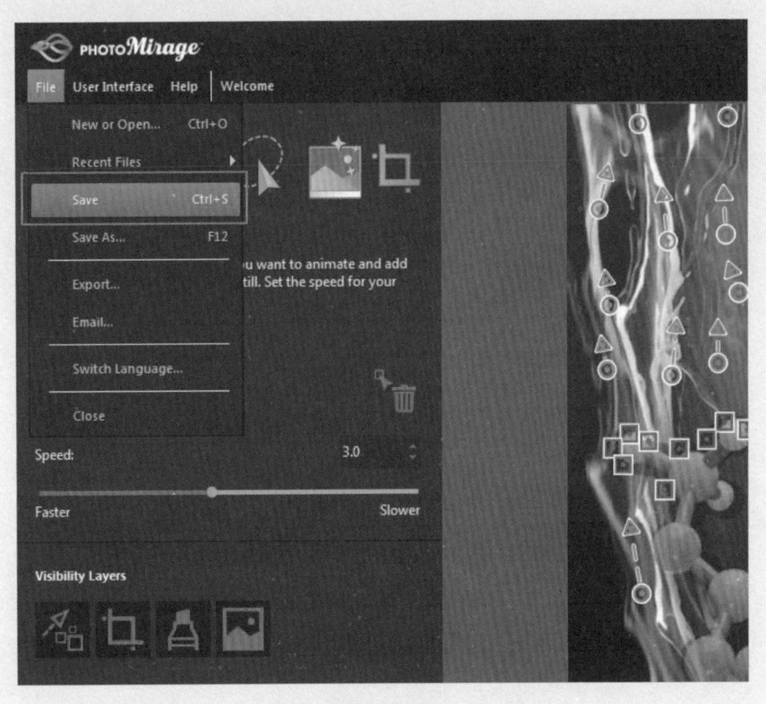

图7-16

步骤8： 选择File | Export命令，或者单击左下角的“导出”按钮，在弹出的Export对话框中设置导出动画的格式和尺寸，如图7-17所示。

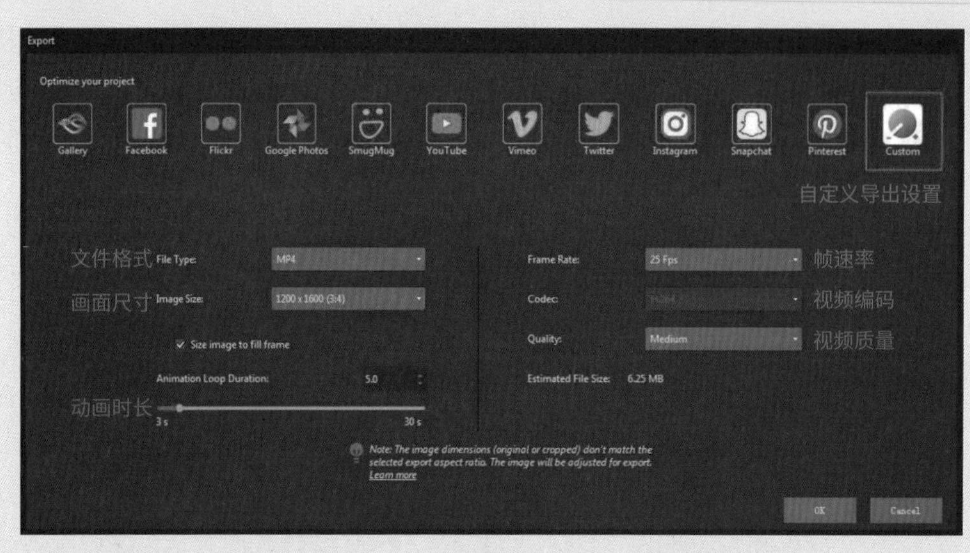

图7-17

步骤9： 单击OK按钮，等待视频文件输出完成即可。